HOW TO RENDER
the FUNDAMENTALS of LIGHT, SHADOW and REFLECTIVITY

[英]斯科特·罗伯森 [英]托马斯·伯特林 编著

张雷 苏艺 王娜娜 译

产品渲染
技法全教程

中国青年出版社 designstudio|PRESS

侵权举报电话

全国"扫黄打非"工作小组办公室　　　　中国青年出版社
010-65233456　65212870　　　　　　010-59231565
http://www.shdf.gov.cn　　　　　　　E-mail: editor@cypmedia.com

版权登记号: 01-2019-6174

图书在版编目(CIP)数据

产品渲染技法全教程 / (英)斯科特·罗伯森, (英)托马斯·伯特林编著; 张雷, 苏艺,
王娜娜译. -- 北京: 中国青年出版社, 2022.3
书名原文: How to Render: the Fundamentals of Light, Shadow and Reflectivity
ISBN 978-7-5153-6500-8

I.①产… II.①斯… ②托… ③张… ④苏… ⑤王… III.①产品设计-计算机
辅助设计-教材 IV.①TB472-39

中国版本图书馆CIP数据核字(2021)第157699号

产品渲染技法全教程

[英]斯科特·罗伯森, [英]托马斯·伯特林 编著; 张雷, 苏艺, 王娜娜 译

出版发行: 中国青年出版社
地　　址: 北京市东四十二条21号
邮政编码: 100708
电　　话: (010)59231565
传　　真: (010)59231381
企　　划: 北京中青雄狮数码传媒科技有限公司

艺术出版主理人: 张　军
责任编辑: 盛凌云
策划编辑: 曾　晟　杨佩云
书籍设计: 张志奇工作室

印　　刷: 北京瑞禾彩色印刷有限公司
开　　本: 889 x 1194　1/16
印　　张: 16.5
版　　次: 2022年3月北京第1版
印　　次: 2022年3月第1次印刷
书　　号: ISBN 978-7-5153-6500-8
定　　价: 188.00元

本书如有印装质量等问题, 请与本社联系
电话: (010)59231565
读者来信: reader@cypmedia.com
投稿邮箱: author@cypmedia.com
如有其他问题请访问我们的网站: http://www.cypmedia.com

引言

渲染是继草图之后的一个步骤，用于更清晰地交流思想。在托马斯·柏特林（Thomas Bertling）和我写的《产品概念手绘教程》一书的基础上，这本新书包括了我们对如何渲染光、影和反射面的所有认知。

开始之前，需先了解本书的结构组成。本书分为两个主要部分：第一部分介绍光和影的物理现象。你将学到如何构建视觉上的阴影，以及如何描绘这些暗部的正确明暗关系。第二部分重点关注反射现象，以及如何运用反射知识渲染不同材质。

本书是关于光、影和反射的基本知识，而不是介绍快速绘画、照片拼接或如何使用某个专门的软件。这些内容是另一本书的话题。尽管本书中包含了很多已经完成的渲染示例，为了展示在掌握了基本原理之后的可能性，本书将重点放在帮助你提高对于周围世界的视觉认知，以及表现技巧。

渲染会让物体看起来更加立体、更加真实。这比凭想象作画更加容易，因为我们可以观察自然，研究光、影和反射是如何发挥作用的。为了说明这些想法，以及为了提高你的视觉意识和观察技能，我们在书中列举了很多图片作为例子。这些例子会帮助你加深对周围世界的理解。

整本书中出现了诸如"观察"或"行动"这样的图标。

观察 👁

某页或某部分是关于观察现实世界的。

行动 ✏

应用知识，按照步骤创造你自己的作品。

与我们之前的《产品概念手绘教程》一书类似，本书包含了免费网上教程，可以通过书中对应二维码扫描查看。为了最大限度地获得《产品渲染技法全教程》一书的知识，观看这些视频教程是十分重要的。让我们开始渲染吧！

Scott Robertson.

斯科特·罗伯森
2014年5月31日
加州，洛杉矶

目录

第1章　渲染的意义+工具和材料 |001

第2章　光照类型和投影 |005

第3章　渲染几何结构 | 039

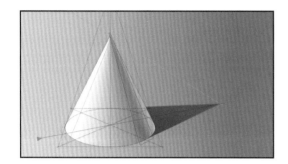

第4章　渲染复杂结构 | 093

第5章 渲染具体的物体 |111

第6章 参考照片 |145

第7章 反射面 |149

第8章 反射：室内场景 |175

第9章　反射：室外场景 | 183

第10章　渲染具体材质 | 197

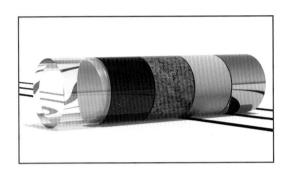

第11章　渲染实例 | 235

第1章 渲染的意义+工具和材料

为什么说渲染重要呢？

快速勾勒出一个概念用以传递想法比渲染更快，没有明暗关系和颜色的线条画也可以用来交流设计理念。那么为什么要学习如何将一个最初的想法渲染成具有照片般真实效果的技能呢？

艺术家和设计师总想当然地认为，只要看一眼大致的线条就可以理解一个概念。但是，大多数人理解的视觉语言是建立在他们每天所看到的周围事物基础上的。然而，在现实世界中，物体并不是由线条围成的。轮廓和表面是由颜色和明暗关系的变化决定的。这才是人类大脑最易理解的。

要想使想象中的物体、特征或者场景看起来更可信，就需要以一种人们每日所见的方式来呈现。因此，如果想要让每个人都能理解自己的设计，艺术家和设计师就必须学会如何渲染表面和立体。

开始之前，有些工具和材料是必须准备的。这绝不是说以下清单中的所有物品都要买，仅需要一支铅笔和几张纸就可以实践和完善本书前半部分的练习内容。

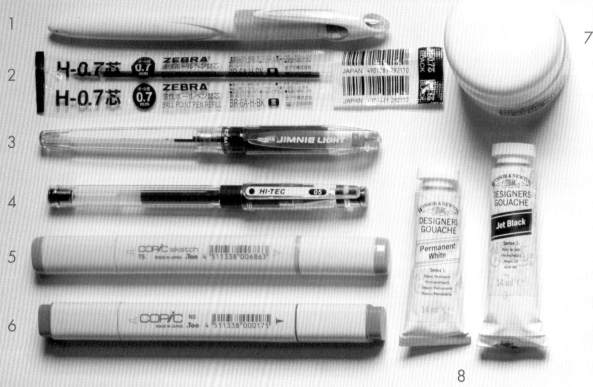

1.1 渲染工具和材料

下面是一些使用方便的渲染工具和材料。大部分都可以在网上或比较好的画材供应商店找到。随着专业度的提高，你也会发现可以提升作品的自己的最爱。对更好的笔或纸的寻找永无止境，请享受这个旅程吧。

本页

1. 三菱Uni Power Tank 0.7mm加压式圆珠笔

2. 斑马牌H-0.7圆珠笔芯#BR-6A-H-BK

3. 斑马牌Jimnie中性（水性墨水）笔

4. 百乐HI-TEC中性笔，直径有0.25、0.3、0.4和0.5mm

5. COPIC-速描马克笔-斜扁头和软刷头两个头

6. COPIC马克笔-宽扁头和圆尖两个头

7. COPIC-遮光白色颜料

8. 温莎牛顿-设计师水彩画颜料

对页

1. 橡皮擦

2. 蜻蜓牌-MONO-铅笔，各种硬度的铅笔芯

3. 施德楼-Mars Lumograph-石墨铅笔

4. 辉柏嘉-多色-彩铅（蜡）笔

5. 温莎牛顿-995系列，1/2"平刷

6. 温莎牛顿-7系列，3号圆刷

7. 派通-口袋刷笔

8. 霹雳马-Nupastel，硬质粉彩笔

9. Webril-棉垫，纯棉，无纺布

10. 橡皮擦，多种品牌

11. 滑石粉，任意品牌

12. 草稿刷，任意品牌

第2章　光照类型和投影

想要使一个物体看起来更真实，最简单有效的方法是使用光照和阴影在整个物体上制造出变化，而不是用线条来描绘。在正式开始渲染这些物体之前，需要学习一些术语并进行一些观察。

本章前几页提供了有关光和影特征的颇具说服力的例证。最后术语表会有统一与渲染相关的术语词汇查询。

接着介绍了投影的构建。要形成三维立体效果，投影是不可或缺的一步。最起码在开始第3章赋值和着色之前，理解最基本的阴影构建概念是很重要的。

相较于其他章节，本章很大程度上要以《产品概念手绘教程》中所学到的透视图的绘画技巧为基础，截面图绘制的技巧和术语将贯穿于本书。

让我们开始学习光和投影吧！

2.1 值变=形变 👁

当光线照亮一个表面不平整的物体时，如青蛙背部的凸起（图4）或车的一角（图3、图5），光与这些不同的表面会形成不同的角度，而呈现在我们面前的就是阴影关系的改变。这个现象在观察黑白图片时最为明显，因为大脑不会被同一个物体上的颜色变化影响。尽管这些图片代表着广泛的主题，所有形状变化都是通过阴影关系的改变而体现出来的。（图1、图2）这是学习

图1

图2

图3

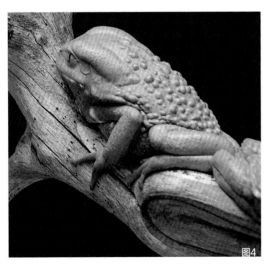

图4

图5

光和阴影的重要一课。无论物体是沙丘（图6）、云海（图7）、车（图8和图9），还是飞机（图10），随着数值的变化，大脑会 记录下形状的变化。利用这一点就可以轻而易举地让渲染形状变得更加容易。

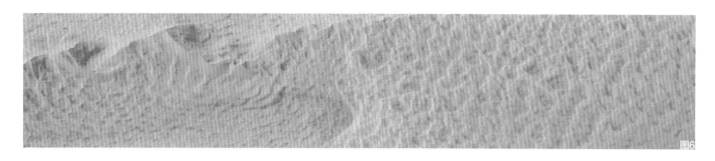

图6

图7

图8

图9

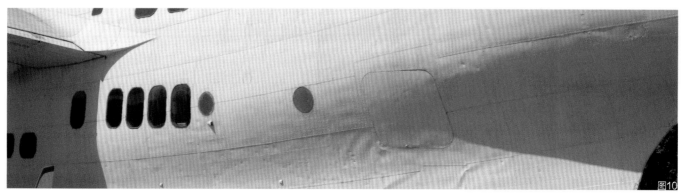

图10

2.2 直射强光

讨论不同类型光照，其实就是在讨论不同类型的阴影。直射光投影边缘明显，漫射光投影边缘模糊。要知道，从一个特定光源发出的所有光线在理论上是相同的，但是其来自的方向却不尽相同。术语"强光"指所有的光线在一个方向呈一条直线，强光可以通过在亮面投下的明显阴影来识别。

图12中，人马怪在其后面的石头平面上投下了边缘非常明显的阴影。从边缘效果来看，可以得知光照是由直射光照射表面。图11和12表示这些明显阴影的光来自室内人工光源。明显阴影也可以由太阳光（图13、14、15）投影产生。尽管光源不同，光线却沿着一条直线由光源的一点向外传播，无论光源是太阳还是灯泡，投影边的效果都是一样的。

图12

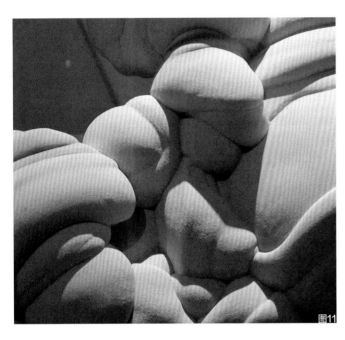

图11

图13

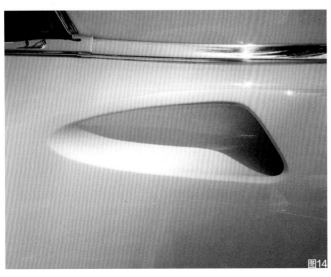

图14

图15

2.3 直射柔光 👁

术语"柔光"是指一个表面受到来自不同点的光照射，也称为漫射光，就像阴天时一样。可以通过亮面投影产生的模糊边缘来识别柔光。本页例子中的三种不同光源（图16、17、18）都较为分散，形体表面也发生了较大的变化，但是投影却十分模糊。图17中从天窗透过来的漫射光在垂直面投下了模糊的阴影。一定要记下这一点，因为渲染场景时，阴影要正确匹配光源的特点和类型。加入反射后，这一点变得尤为重要。

柔光的光源可以来自被灯罩遮住的灯泡，阴雨天时的太阳或是任意昏暗弱化的光源，在照到立体上时，就会投下模糊的阴影。观察环境中这两种类型的投影时，要将这些阴影的边缘特点和相关光源类型牢记于心。

图16

图17

图18

2.4 光源衰减率，亦称为"渐晕" 👁

光源衰减率也称为渐晕，是指光的强度随着与光源距离的增加而减弱的比率。渲染在一个表面上产生变化的光线时，这一点十分重要，因为不仅形式发生了变化，光的强度实际上也减弱了。渲染这种光源衰减效果对于创造真实感和提供渐进的视觉场景大有帮助。要想营造出环境的强烈气氛，就要用较强的光源衰减来渲染它。

可以通过图19和图20感觉一下强光源衰减率所营造的氛围。请牢记这种感觉，因为接下来你要开始在自己的插图中创造这些类型的氛围和光线效果。

图19

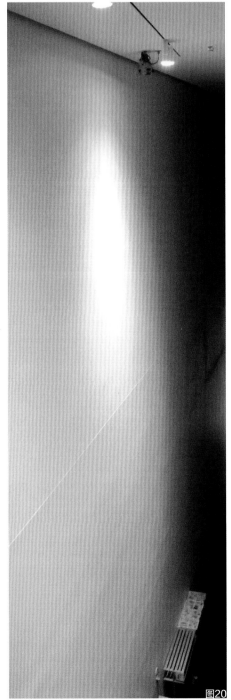

图20

2.5 遮蔽 👁

遮蔽是一道光被相邻面遮挡而产生的阴影效果。这种现象出现在两个相邻面汇聚而阻挡了光线的情况下，例如墙角和天花板。下图（图21、22）中箭头指向的部分就是遮蔽的强有力的例子。

在渲染中添加遮蔽大大增加了真实性和丰富的视觉效果。这是经验不足的艺术家和设计师经常忽视的问题。

图21

图22

2.6 边缘光/轮廓光、半光 👁

要真正强调物体的轮廓而在其周围画线，看起来就会像一幅卡通画，从而抹杀了真实感。尝试添加边缘光，也称为轮廓光。这个技法和画轮廓法达到了相同的目的，不同之处仅仅在于前者有阴影关系。物体后面发出的光仅仅照亮了物体的一个边，正如图（图23）光线照在海鸥身上一样，产生了加强轮廓的强烈边缘光效果。塑像（图24）的边缘光实际上是由明亮的天空透过旁边的拱门反射过来的。物体的轮廓在视觉上加强了。在渲染中利用现实世界的光照效果，不用画轮廓就可以强调轮廓。

半光是指当一个物体或者场景只有一半处于光下，增加视觉趣味，自然而然就产生了焦点。图25中，镜头后大山的投影产生了半光效果，使太阳仅仅照亮了建筑物的上半部分。细心的读者可能在想，为什么都是太阳光的投影，建筑上垂直方向的结构在

棕色建筑物上的投影边缘分明，而山在建筑物上的投影却边缘模糊？请跳到第74页寻找答案。

图24

图23

图25

2.7 多光源 👁

当多个光源照射到一个物体上时，就会产生多个投影。光源可能彼此不同，在呈现场景和测试光线时要记住这一点。当光源变化时，投影边缘也发生了改变，了解到这一点后，就可以知道同一个物体极有可能产生不同类型的投影。要记住，投影边缘的质量取决于光的类型。图26中，两个箱子投影的光类型相同、强度相同。两个阴影重合的地方，在视觉上的强度被放大，从而产生重影。

恰恰相反，实际上却不是这么回事。每个投影只有部分被另一种光源照射，实际上阴影部分没有重合。当第二道光消失时，每个投影重合的部分就同样亮了。观察图27中明显相同的重影效果。表现这种效果就意味着要创建两个投影而不是一个投影，但是产生的视觉效果值得付出额外的努力。

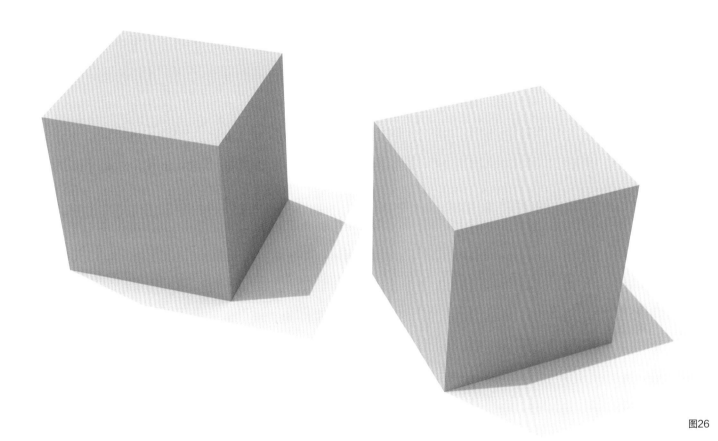

图26

图27

2.8 反射光 👁

反射光通常也称为"反弹"或"补"光，是指从一个面反射或反弹出去并照亮另一个面的光。这种现象通常出现在同一个物体或表面上不同的地方。在图28中，光反射到地面上，给牛肚子下面的部分增加了些许模糊的光。再来看另一个阴影部分的例子（图29），箭头表示出现了这种反射光。有时可以看到情景内反射光的光源（图30和图31），正如雕像腿后部有从相邻面反射过来的光。通常情况下，这种情况不会出现，就像前臂的暗部一样。

图28

图29

图30

图31

2.9 光束 👁

本质上，光束与反射光是两种不同的东西。光束是被太阳照亮的大气层的一小部分区域，也是云彩投影的边缘。光束呈现时，大气层中有水汽、尘埃或者烟雾。当太阳位于阻挡光的物体后面时，光束最明显，如图33中白云。要注意场景中光的亮轴线，无论是由太阳还是其他光源产生，都有助于调动气氛，因此，在添加之前要确保可以提高整体的渲染效果。

图32

图33

图34

2.10 大气透视 👁

大气透视效果是指与观察者距离较远的景物看起来在明暗对比度（明暗关系的转换）和颜色饱和度上没有与其距离近的景物高。这种效果在地平线最明显，因为可以看到更多的大气层。再强调一次，空气中的水汽、尘埃和烟雾越多，大气透视的效果就越强烈。图35中橙色箭头代表的是径直向上在空气中和与地平线相切的观察方向。在面向远处的地平线时，比直接向上看要看穿的大气层多。在图36中很容易看到前景峭壁与近处岩石之间的大气透视效果，这是因为汹涌的波涛使得空气中的水分增加。

图37中，大气透视的效果虽不明显，但仍然可见。远处建筑物的明暗对比没有前景中对比度强烈。

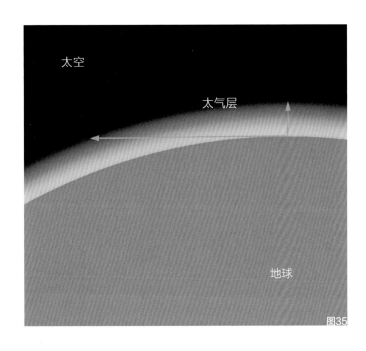

图35

图36

图37

图38中，前景建筑物和中间集装箱货运船及背景海岸线的明暗对比度进行比较。大气层非常厚。图39是一个很好的例子，说明除明暗对比度之外，也可以看出色彩饱和度是如何随着大气层浓度的变化而变化的。前景中塔的颜色看起来比背景中山上高大建筑物的颜色要饱和得多，尽管它们的本色和明暗基本匹配。

图40中，雾确实让这种效果更加明显。在渲染中添加大气透视效果是增加景物感知深度最简单的途径。

图38

图39

图40

2.11 构造投影

即使是绘制和渲染前所未见的物体，理解现实世界中物体在光照条件下的表现也是非常重要的。无论投影是由太阳光产生的还是由局部光源产生的，都要遵循物理法则进行描绘。渲染投影正确与否决定着一个画面的质量和真实性。

在任何情况下都要用最有效的手段达成一个既定目标，无论目标是精进你自己的技术，还是为客户渲染一个作品。在手绘、直尺、椭圆尺和计算机辅助构建中选择最有效的绘图组合。

要想从本章获得构建阴影的最好效果，就有必要掌握基本的透视画法技巧。本系列书籍的第一本书《产品概念手绘教程》中叙述了透视设计方法。参考这本书中以下四个技巧，就可以顺利构建物体投射的影子和明暗交界线。

透视网格技巧

在开始本章练习之前，掌握熟练地构建透视网格是非常有必要的，包括绘制灭点在页面外的网格，以及熟悉辅助灭点。掌握这些技巧可以保证你总能掌控所绘制的景物，知道所有点在何处是与透视相关的。

《产品概念手绘教程》第04章可以提示你透视网格构建方面的知识。

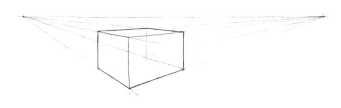

图41

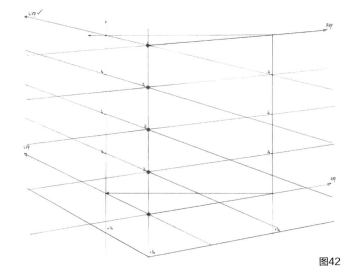

图42

构型技巧

构建X-Y-Z空间结构帮助理解、交流设计，并为构建阴影做出计划。用这一技巧为已经渲染的形状添加细节，例如汇聚线或其他元素。必须掌握构建复杂结构形体渲染的技术，因为自如的绘制结构线和明暗变化是十分必要的。

参照《产品概念手绘教程》第08章可以巩固构型方面的知识。

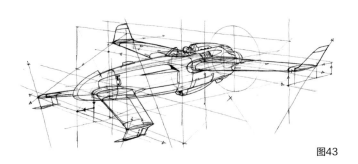

图43

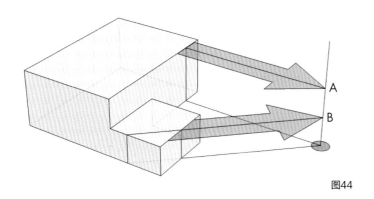

图44

构造技巧

接下来要涉及很多投影方法，需要掌握对高处的点通过透视的方式进行转移的技巧。当物体处于光源下时，将其高度转移成为一条垂直的线就生成了所谓的"影源"（图中A、B点）。生成方式有很多种，所有的方式都要依靠熟练的透视构造技巧。

参考《产品概念手绘教程》第03章，复习这些构造技巧。

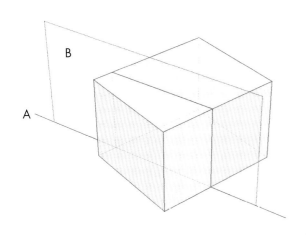

图45

截面绘制技巧

很多结构都需要在地面上画一条线，这条线穿过物体，朝向投影的方向（A），然后再由这条线构造出一个切入物体的垂直平面（B）。

掌握如何绘制截面线段是非常重要的，这包括在复杂的平面图形上绘制长方形截面，甚至在X-Y-Z结构图形中绘制曲面。

参照《产品概念手绘教程》第06章，获得更多构造截面线和垂直平面的练习。

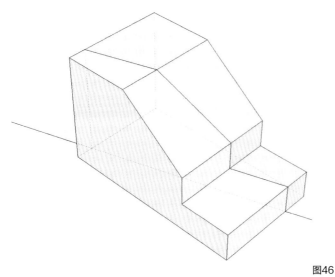

图46

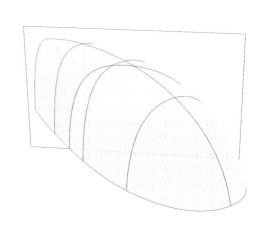

图47

2.12 投影的基本原理

一个光平面是由光的方向和阴影的方向来决定的。要正确投影，就必须知道这两个方向。无论光来自太阳、月亮还是人造光源，这个原理都适用。

光向/影向和光平面

图48是铅笔的投影照片，和投影一样简单。

图49：光的方向（A）是产生于某个光源的一条线。将光的方向线想象成一道光线。影的方向（B）是一条源于称为影源的点而产生的线，通常见于投影所在平面光源的正下方，本图的影源没有显示出来。

光向线和影向线这两条线确定的平面称为光平面（C）。光平面垂直于地平面。阴影总是构建于垂直光平面上。光平面本身并不需要画出来，但是这个结构性的概念必须牢记于心。

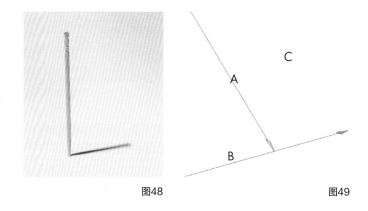

图48   图49

单线段的透视投影

在透视画法中，任意线段通常被称为单个"线段"。称为"线段"有助于艺术家记得遵循现实世界的自然规律。要想画出单个线段的投影，就必须知道三个事情：相对于地平面来说，线段的位置在哪里？投影的方向是什么？阴影的持续时间是多久？这三条既适用于太阳光的投影，也适用于局部光的投影。只要确认一条线段投影，另两个光源的投影构建方法就是与之相同的。

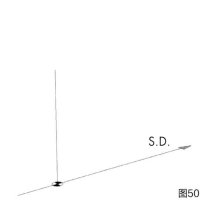

图50

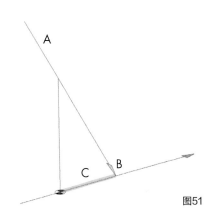

图51

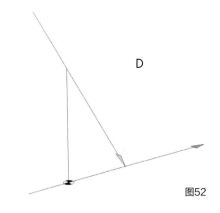

图52

第1步：在地面上垂直放置一条线段。在更加复杂的情况下，这种做法变得尤为重要。在线段的基面上画出影向（S.D）。

第2步：经过线段的顶部画一条光线（A）直到光线（A）与影向（B）汇聚。投影（C）始于线段的基面，终于光线A和影向（B）的汇聚处。

构建一个光平面，使之与地平面垂直，这是构造投影重要的第一步。光平面本身通常不需要画出来，但是艺术家必须意识到其存在（D）。

掌握如何画出线段的投影就知道如何构建任意点的透视投影了，从而可以构建出更加复杂的阴影。透视画法必须是立体的，点相对于地平面的位置必须是明确的。

2.13 用局部光构建阴影

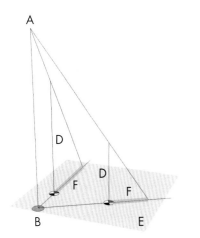

图53

通常，用局部光源构建阴影的优点是光源和影源位于同一个页面，使得构建更加容易理解。下面练习的步骤没有固定顺序，可以任意进行。可以先画线段，然后放置光源；或者先放置光源，然后再找影源，画线段。

图53显示，当利用局部光源（A）时，洒落在地平面上并产生了影源（B）的垂直线形成了一个坐标轴，光平面（C）从这里放射出去。

局部光的阴影构建：单平面上的多线段

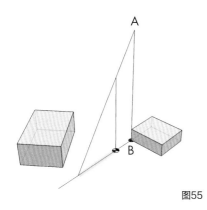

图54

第1步：画两条垂直线段（D）。确保所有线段的基面在同一个平面上，即图中灰色平面（E）。

第2步：将影源（B）置于地平面上，然后在其正上方放置光源（A）。

第3步：从光源开始，通过线段的顶部向地平面画线（光线）。所画的线段从影源开始延伸，穿透线段的基面。再次强调一下，光向线和影向线的汇聚面决定了投影（F）的长度。

局部光的阴影构建：多平面上的多线段

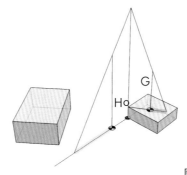 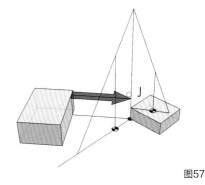

图55　　　　　　　　　图56　　　　　　　　　图57

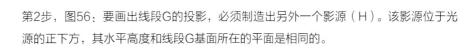

第1步，图55：确定光源（A）和影源（B）。照例画出线段的投影，因为线段的影源和基面在同一平面上。

第2步，图56：要画出线段G的投影，必须制造出另外一个影源（H）。该影源位于光源的正下方，其水平高度和线段G基面所在的平面是相同的。

第3步，图57：在大盒子上投影，就应画出和盒子顶部平齐的另外一个影源（J）。利用一条剖面线向影源和光源之间的垂直线上转移高度。

图58

第4步，图58：在大盒子上画线段。用正确的影源（J）勾勒出投影。

2.14 日光构建

日光光平面设置

日光是观察和渲染物体最常见的光照形式。由于太阳距地球大约9300万英里（1.5亿千米），只有很小一部分光线能到达地球。对于准确绘制和渲染来说，这意味着这些太阳光线也几乎是平行的，可以认为像图59一样。因此，在构建日光阴影时，

光向线（A）是平行的，影向线（B）是平行的，从而使光平面（C）也是平行的（图61）。

平行线透视汇聚于一个常见的灭点。这意味着所有的光线拥有同一个灭点，所有光向线的灭点也是同一个。

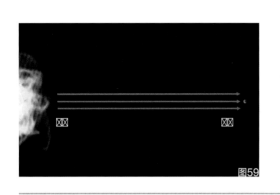

图59

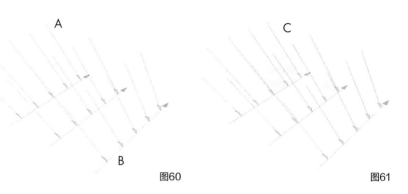

图60　　　　　　　　　　　图61

日光构建：找影源和光源

图62显示影向线汇聚于位于地平线（B）上的一个灭点，这就是太阳的影源。

图63和64光线相较于一个位于影源正上方或正下方的辅助灭点（A）。这个辅助灭点是光源（日光）。

有两种可能的情形：日光从物体背后照射过去时，称为正光；日光从物体前面照射过去时，称为负光。

在大多数日光构建的情况下，影源和光源并不显示在同一个页面，但是记住一点是非常重要的，那就是这些线在透视效果上总是向后汇聚于太阳和影源的灭点。

图62　　　　　　　　　　图63　　　　　　　　　　图64

正日光构建：背光

在构建正日光时，光源（A）位于水平线（B）上方。线段从背后被照射，所以阴影全部投向观察者。这种光照方法和构建可以产生很好的效果，但是也可能很难理解物体的形状，因为背光的情况让物体的侧面看起来更加明显。

正日光

图65

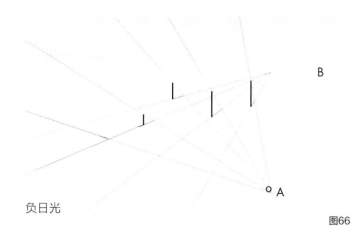

B

○ A

负日光

图66

负日光构建：前光

在构建负日光时，光源（A）位于水平线（B）下方。线段从前面被照亮，所以阴影向着远离观察者的方向投射出去。这种光照情况所显示出来的物体表面比从背后照射的情况更加清晰。

上面这两个例子的阴影都很长，因为光源在同一个页面上，接近水平线。光源移动得距水平线越远，投影就变得越短，光线的透视汇聚也被缩短。阴影在正午最短时，这种现象每天都可以观察到。

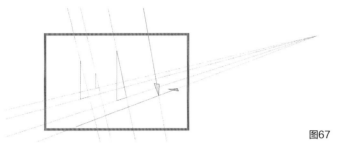

图67

橘色长方形内部是手绘区域，外部是阴影和光的可视化技术。

日光构建：影源和光源不在页面上

在大多数构建中，影源和光源是不在页面上的。只需要记住透视网格的作用（参见《产品概念手绘教程》第04章），就可以很好地估算出透视汇聚的长度。也足以估算出光线和影向线汇聚点，而不用创建透视网格。

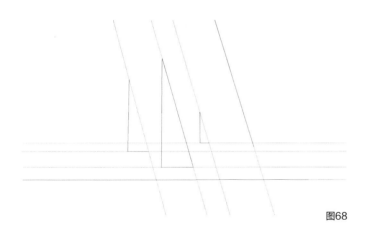

图68

无汇聚的日光构建

为避免处理影源或光源透视汇聚的问题，就要使影向线平行于水平线。图68是与观察者视线垂直的光平面，为投影创建了一个单点透视效果。之后可以以四分之三视角构建投射出这些阴影的物体。想获得更多关于透视网格和布局的详情，请参考《产品概念手绘教程》第05章旋转网格部分的内容。

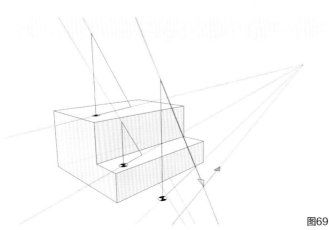

图69

日光构建：在不同高度上的投影

与局部光的不同高度构建方式不同的是，日光的不同高度阴影不要求另外创建影源，因为所有的影向线都是平行的。平行线的高度没有关系，因为它们都汇聚于同一个灭点。

2.15 墙面形状投影

图70

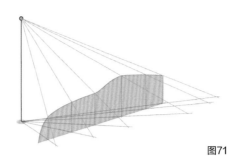

图71

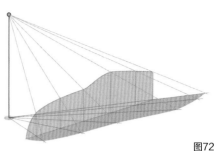

图72

要想投影出更加复杂的形状，就需要在形状内添加垂直线段。每条线段沿着阴影的形状产生了另外一个点。尽量不要使用太多线段。因为如果其中一条或者多条不够完美，实际上可能会影响最终的真实性，这个技巧适用于日光和局部光的投影。

图71是局部光投影的一个例子。在地平面上放置点，从线段的顶部开始投影，构建每条线段的阴影。

图72中，这些点被连接起来，构造出了一个平滑的投影。要时常考虑什么区域或者形状类型在投影。一条平滑的曲线会产生一个平滑的弯曲阴影，一个转角的投影会显示出一个转折角。

2.16 向障碍物上投影

向墙上投一根棍子的影

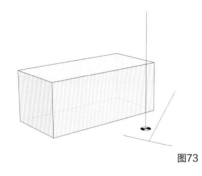

图73

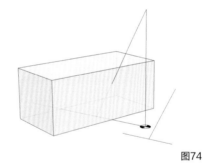

图74

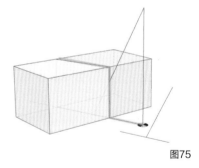

图75

为了在障碍物上投影，这种情况涉及了棍子、盒子、光线和影向线。

首先，在地平面上投射棍子的阴影，"穿过"盒子表面。一次在一个平面上投影，以便更好地控制投影。

然后，构建由棍子和阴影组成的光平面。利用截面画法找到截面线，光平面由此切入盒子。

棍子的阴影结束于截面线和光线相交的地方（A）。

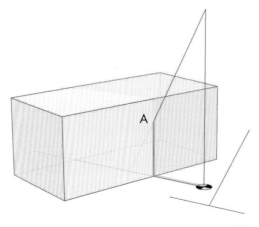

图76

▶ 视频讲解

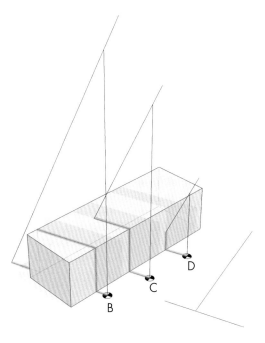

图77

图77：要想在盒子旁边、顶部或整个盒子上投棍子的阴影（分别是D、C、B），就要利用完全相同的技巧，即光平面切入盒子，找到结束点和每个阴影的方向。在日光下，这些平面都是平行的，使得这些阴影看起来更加清晰可辨。通过练习，就可以准确地推测出阴影会落在哪个地方。

图78：在局部光照下，光平面呈扇形散开/发散，推测阴影的位置变得更加困难。要想构建阴影，就有必要构建每个截面。光平面和在日光下是相同的。

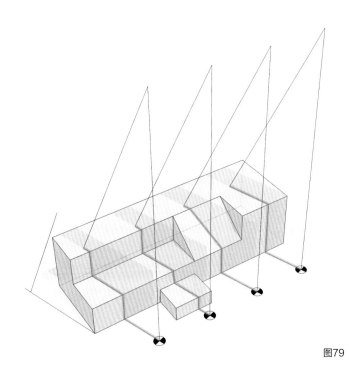

图79

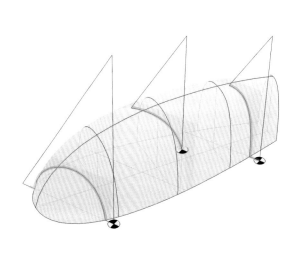

图80

图79：在斜面和梯面上，光平面"切入"的原则也同样适用。为构建更复杂物体的投影，控制好透视结构是关键。每次只关注一个截面就可以解决最复杂的情况。

图80：这个原理也适用于X-Y-Z轴。在这里，为更好地制造出光平面截面线，理解物体表面就显得更加重要了。

垂直棍子在物体上的投影

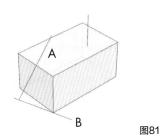 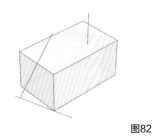

图81　　　　　　　　　　　　　　　图82

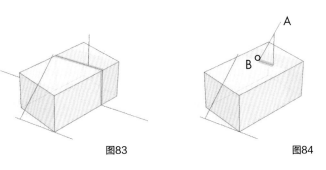

图83　　　　　　　　　　　　　　　图84

第1步，图81：在日光照射下，确定光向线（A）和影向线（B）。

第2步，图82：参考光线和影向，让光平面穿过坐落于盒子顶部的棍子。

第3步，图83：在盒子顶部画出光平面截面线/切线，这就是投影的方向。

第4步，图84：从棍子（A）的顶部开始画一条光线，直到光线与光平面截面/切面线（B）相交，就可以得到阴影的长度。这个相交面决定了投影的长度。

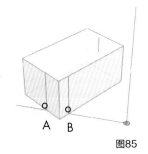 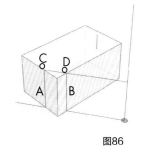 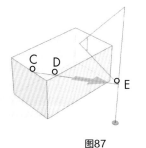 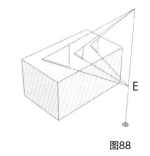

图85　　　　　　　图86　　　　　　　图87　　　　　　　图88

第1步，图85：在局部光照射下，线段的影源高度要和投影所在的平面保持一致。首先，从与盒子两条垂直边相交的最初影源开始，在地平面上画一条线，得到A点和B点。

第2步，图86：自A点和B点画两条垂直相交于盒子顶部的线，得到C点和D点。

第3步，图87：通过C点和D点画一条线，向影源/光源坐标轴上延伸，得到E点。

第4步，图88：E点从现在开始就是所有画于盒子顶面上投影的影源。

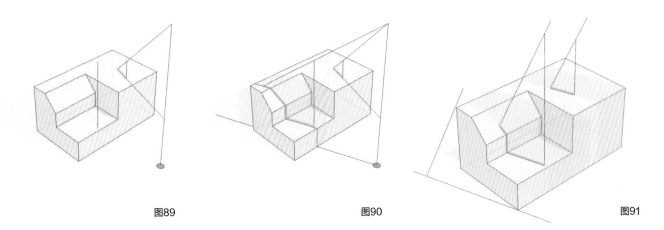

图89　　　　　　　　　　图90　　　　　　　　　　图91

图89、90和91：按照相同的步骤就可以创建任意不规则形状面上的多个阴影。

水平放置的棍子在墙上的投影

要构建棍子的投影，首先要画出垂直线段，然后重点关注垂直线段顶端在地面上的投影。形成的点指导构建棍子的阴影。下面来看阴影单独投射在墙上、同时投射在墙上和地面上以及从墙上

"滑落"的三种情况。所有技巧的应用都有一个目的：找到墙上另外一点，从而确定影向线。

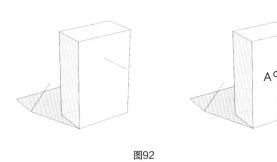

图92

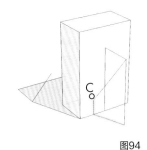

图93

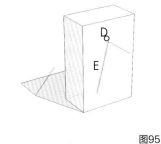

图94　　　　　　　　　　　　　　　图95

第1步，图92：在盒子侧墙面上水平放置一根棍子。

第2步，图93：在棍子两端的下方画出两条垂直线段（A和B）。

第3步，图94：投线段B的影。包括投影到墙上，得到点C。

第4步，图95：连接投影的终点C点和棍子与墙的交点D点。线E就是棍子在墙上的投影。

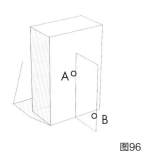

图96

图97

水平放置的棍子在墙面和地面上的投影

投影在墙上和地面上时，也运用同样的技巧。但是，找到两条垂直线段之后，要在地面和墙面两个平面构建阴影。

第1步，图96：像之前一样，在棍子的端点下方画两条垂直线段（A和B）。

第2步，图97：向地平面上投两条垂直线段的阴影。

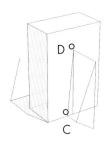

图98

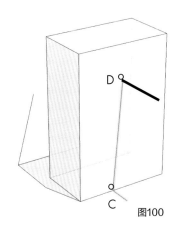

图100

第3步，图98：穿过墙面，画线连接线段投影的两个端点。在这里要注意，图中蓝色线穿过墙的下方。

第4步，图99：在阴影与墙的交点（C）处，阴影现在沿着垂直墙面向上与棍子和墙面的交点（D）连接。

第5步，图100：用线直接连接C点和棍子与墙面的交点（D），因为此处的投影就是直线的投影，线段。

水平放置的棍子在墙外缘、地面上的投影

投影超出墙边时，需要在地面上构造棍子两个端点的阴影。由于这个阴影不与地面上的墙相交，所以要想找到影向，就需要一种不同的技巧。图101显示，一条水平放置的棍子位于墙的侧面，墙体的投影证明了已建光源的位置。

下面有三种不同的方法来找到阴影穿过墙垂直边的位置，并一直延伸到地面。

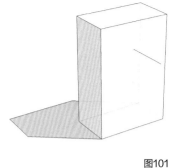

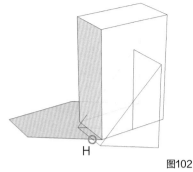

图101　　　　　　　　　　　　　　　　　图102

方法一

图103：在前一页的基础上，棍子的某处继续增加一条垂直线段（A），并投影于墙侧边。

图104：连接垂直墙面影的顶点（B）和棍子与墙面的交点C。这样就形成了棍子的投影，这个投影顺着墙边向下延伸，直到相交于墙的竖直角D。

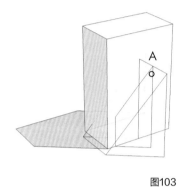

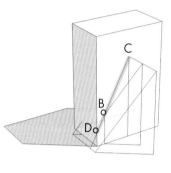

图103　　　　　　　　　　　　　　　　　图104

方法二：

图105和106：不是沿着棍子上的任意一点画一条新的竖直线段，而是在墙体的角落处画一条竖直的线段（E）。然后，沿着盒子下边缘延长影向线（F），从而定位一条新的竖直线（G）。

比这个方法更抽象的替代方法就是观察棍子投影在何处穿过边缘在地平面上的投影。回到上面图102，这个点就是点H。从点H开始，向上向墙的边缘简单画一条表示光线的线。将这个点向后与棍子和墙面的交点（C）连接，构成投影（图104）。

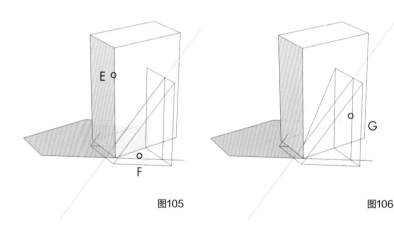

图105　　　　　　　　　　　　　　　　　图106

方法三

图107和108：延长墙面的侧边直到其与棍子在地面上的投影相交，然后将这个交点（D）向后连接到水平线段与墙面的交点（C）处。

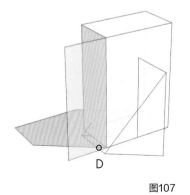

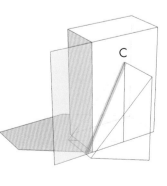

图107　　　　　　　　　　　　　　　　　图108

水平放置的棍子在复杂形状上的投影

要在复杂形状上投影，一次只能关注一个要点。平面物体可以再次划分为基本形状后再构建阴影，然后再重新组合，得到最终结果。可以通过覆盖重叠的形式得到这些小结构，但是多数情况下，仅仅是通过最具有逻辑性的思维过程将所有的结构包含在同一个画面。

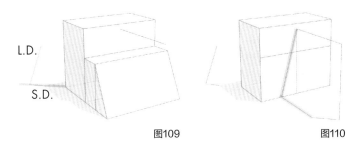

图109　　　　　　　　　　　图110

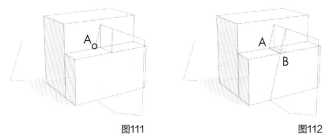

图111　　　　　　　　　　　图112

第1步，图109：创建光向线/影向线和物体的透视效果。尝试分解主要结构。

第2步，图110：选择一个结构。本例中选择最大的块状结构。暂时忽略其他形状。利用已经介绍过的技巧在这个较大墙体上投影。

第3步，图111：再添加另外一个结构，稍小一点的墙体形状。因为棍子与两个墙体的边垂直，所以可以从图112小墙体顶部A点画一条指向左侧灭点的线，作为构建阴影在这个墙体顶面上方向的一种方法。

第4步，图113：添加三角结构。观察阴影在何处脱离小墙体（B）的顶面，地面上的阴影在何处与斜面（C）的底部相交。连接这两点完成结构构建。

再次强调一下，要注意在图113中，阴影线（蓝色）的上半部分和下半部分与真实线段是平行的。平面上平行的线所投的影也是平行的。相比于完全构出结构来说，这对于快速推测是非常重要的信息。与地平面平行的两根棍子所投的影也是平行的。这就是说，两条阴影共享同一个灭点。

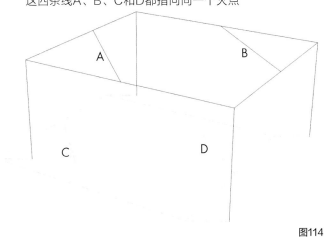

图113

这四条线A、B、C和D都指向同一个灭点

图114

倾斜放置的棍子的投影

一根和地面有一定角度的棍子，靠在墙体上，其投影和水平线段投影的处理方法类似。

第1步，图115：画出一条垂直辅助线（A），确定倾斜棍子顶部的位置。

第2步，图116：将垂直辅助线段投影于地面上。忽略墙体的障碍，画通过墙体的阴影。

第3步，图117：通过连接上一步投影的底部和棍子（B）的底部，构建地面上的投影。

第4步，图118：连接棍子与盒子相交的顶点（C）和地面阴影与墙体边缘的交点（D）。棍子的投影就此完成。

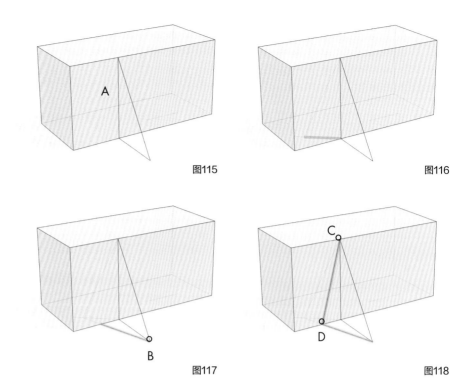

图115

图116

图117

图118

三角形的投影

图119：同类型的构图方法也适用于墙体顶部角延伸出来的黄色三角形。这是结合垂直于墙的线段的投影与斜线段的投影来实现的。

第1步，图120：自A点和B点画两条垂直线，这样三角形每个角的下面就各有一条垂直线。墙体的这条棱就作为C点下面的垂直线段。将这三条线段投影于地面上。

第2步，图121：连接每条线段在地面上投影的端点，从而形成三角形的投影。将阴影和墙体相交的点记作D点和E点。

第3步，图122：将交点D和E向上与三角形和墙体顶部的交点A和C连接起来。D点与A点相连，E点与C点相连。蓝色区域（F）就是三角形在墙体的边上和地面上的最终投影。

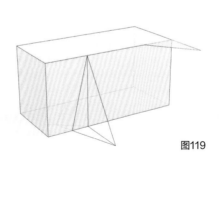

图119

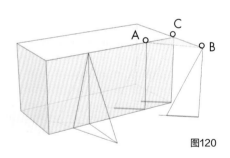

图120

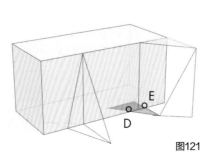

图121

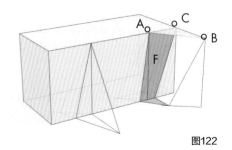

图122

学生作品实例

通过练习，利用线段作为起点的基本技巧可构建出相当不错的阴影结构，正如下面我们之前的学生杰森·康（Jason Kang）和查尔斯·刘（Charles Liu）的作品所示。

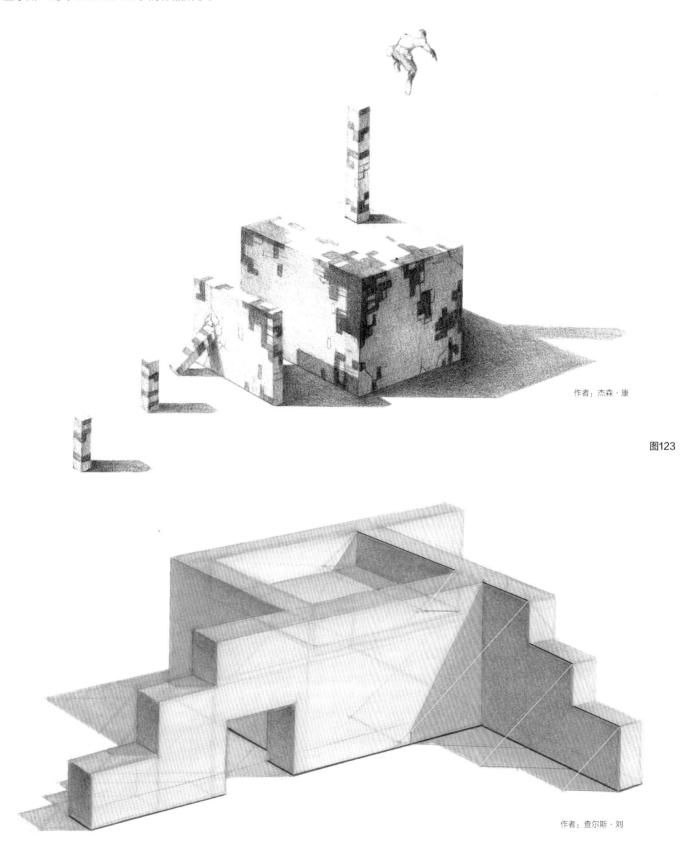

作者：杰森·康

图123

作者：查尔斯·刘

图124

2.17 简单立体的投影 ◀▬▬

正如线段投影所形成的点可以结合起来形成阴影形状一样，这些技巧可以结合起来构建简单墙体结构的投影。这些结构的复杂性成指数增加，就有机会制造出真正令人兴奋的、有趣的投影。这些类型的阴影在建筑场景中最容易看到。

简单立体的投影：日光

图125

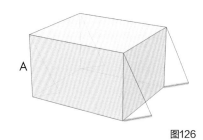

图126

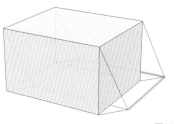

图127

第1步，图125：创建透视效果的物体，轻轻画出透过墙体的线就可以很容易地勾勒出阴影。

第2步，图126：从墙体每个角开始向地平面上投所有垂直边（线段）的影，除角（A）外，因为其阴影在物体内部。实体内部的阴影可以忽略，可以认为不需要其帮助构建阴影的其余部分。知道哪些线段不重要可以缩短构图时间。

第3步，图127：用直线连接边投影的端点，投射出墙体"顶部"或"上部"在地平面上的阴影。

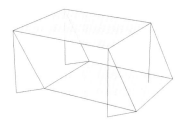

图128

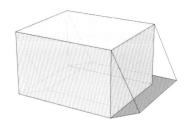

图129

第4步，图128：现在墙体的边是看不到的，可以看到的是内部结构将由四条线段组成的顶面投影于地面上。

第5步，图129：将墙体垂直角的阴影与顶部阴影结合起来构成盒子的全阴影。

图130和131：要注意，唯一使用的构图线对于确定墙体的阴影是非常重要的。获得如何构建投影结构的知识可以减少构图线的使用，提高绘图和渲染的效率。

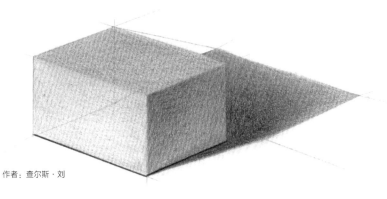

作者：查尔斯·刘

图130

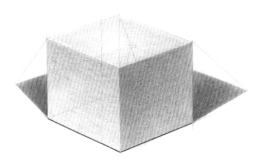

图131

简单立体的投影：局部光

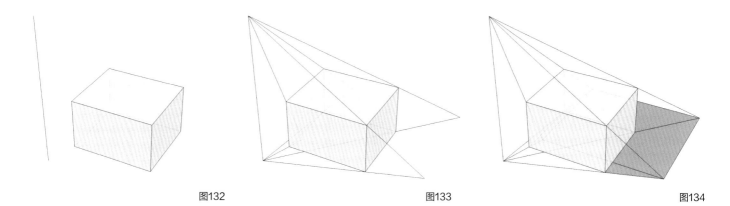

图132   图133   图134

同样的技巧也适用于局部光，但是投影会从结构开始分散开来，推测其投影更加困难。

第1步，图132：创建物体、光源和影源。

第2步，图133：向地面上投射所有垂直边的阴影。

第3步，图134：用直线将这些边的投影的端点连接起来，在地面上投射出墙体顶部或上部的阴影。

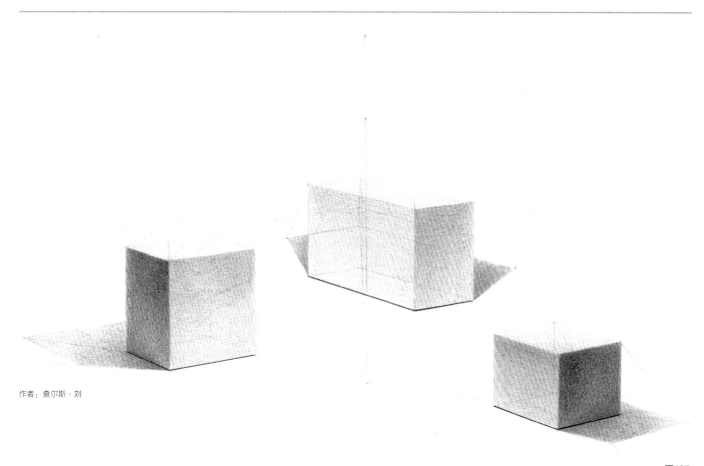

作者：查尔斯·刘

图135

虽然构建日光和局部光阴影所用的技巧非常相似，但是最终的投影却相差很大。

要记住，局部光源有一个垂直于地面的坐标轴，光平面在其周围发散。这就意味着投影的面积随着与局部光源距离的增加而增大。相反，日光光平面彼此平行，所以每条线段的影向几乎平行。这让日光构图非常好预测。

2.18 悬挂物体的投影

平整表面的结构通常包含悬挂物体。要记住，一次只构建一条线段的投影才可能掌握更加复杂的投影。为了更好地把握增加的必要线条数，就要减少构图线的使用数量。在完成构图之后再加深线条。这些构图方法同样适用于日光和局部光。

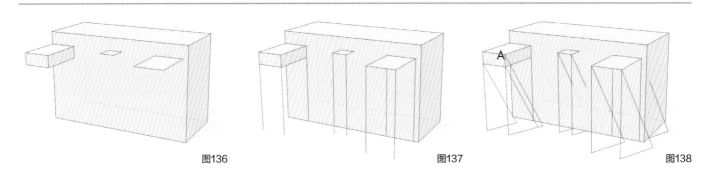

图136　　　　　　　　　图137　　　　　　　　　图138

第1步，图136：创建具有透视效果的物体和悬挂部分。确定光向线和影向线，构造没有悬挂部分的墙体的阴影。

第2步，图137：放置垂直线段。这些垂直线段可以构建悬挂部分边的阴影。

第3步，图138：将每条垂直线段的端点投射于地平面上。投射厚的悬挂部分（A）的顶角和底角，这样可以准确地在投影中反映悬挂部分的厚度。

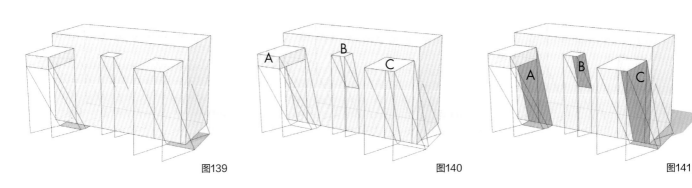

图139　　　　　　　　　图140　　　　　　　　　图141

第4步，图139：确定地面上的投影。

第5步，图140和141：如第30页构建三角形的阴影一样，可以看到阴影和墙的不同交点。

A：向地面和墙面投影。

B：仅向墙面投影。

C：向墙外侧、向下投影于地面。

可以通过运用第28页的方法中的一种来找到正确的边在墙上投影的正确影向。地面上的该阴影是悬挂部分的阴影和大墙体阴影的结合体。

请观察下面现实生活中和构图例子中这些悬挂部分的投影。

图142

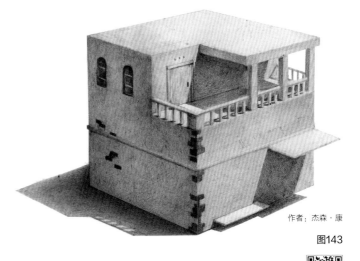

作者：杰森·康

图143

▶ 视频讲解

2.19 开口物的投影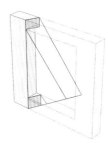

像窗户拱门或者门口等开口物周围墙或框架的投影，由若干个合理放置的光平面完美构建出来。花点时间看看周围，经常观察下哪些边会投出这些类型的阴影，这样就会提高构建这些阴影的效率。找到从哪个边投影是非常关键的。下面的例子运用了日光，因为日光最常见，但是局部光也适用这个技巧。

图144

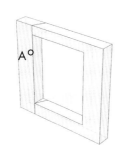

图145

第1步，图144：构建结构的投影，忽略开口。

第2步，图145：在边（A）上放置光平面。这个边就会向低处窗框上投影。构建并画出切入其中的截面线。

图146

图147

第3步，图146和147：画出由框架开口形成的每个框架部分的投影。首先投射边（A）的阴影，然后再将框架部分的高度转移到这条阴影线上来。

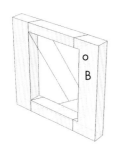

图148

图149

第4步，图148：放置另外一个切入隐藏的后边（B）的光平面，然后像构建A边的截面线阴影一样构建B边的截面线阴影。

第5步，图149和150：将框架部分的轮廓投影到地面上。

第6步，图151：把地面上的线连接起来，找到框架的阴影，在地面上构建光照区域。

图150

图151

图152：这个旋转后的倒影为学习从不同角度构建同样的投影提供了机会。请在现实生活中寻找这些类型的投影，从而更好地理解这种构图方法。

下面是查尔斯·刘的作品实例，其作品反映了他对这类型构图法的熟练运用，也说明了投影的形状可以变得如此有趣。

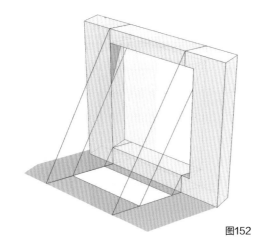

图152

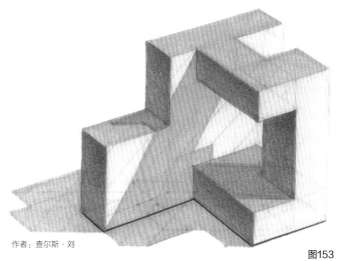

作者：查尔斯·刘

图153

2.20 复杂平面立体的投影

复杂平面立体（有平面的立体）的投影融合了之前的所有技巧。带着自信和创意，找到属于你自己的解决方法变得尤为重要。要学会平衡透视结构的数量和想要达到的准确度和效率。绘图时，可以全部构建，也可以有意识地猜测，其效果都是完全可以接受的。但是，只能添加提升设计质量的投影。添加错误或者未设计好的阴影只能让观看的人更加迷惑不解。下面查尔斯·刘的这些作品表明了投影是如何为一个方体添加很多空间感和真实感的。（图154～159）

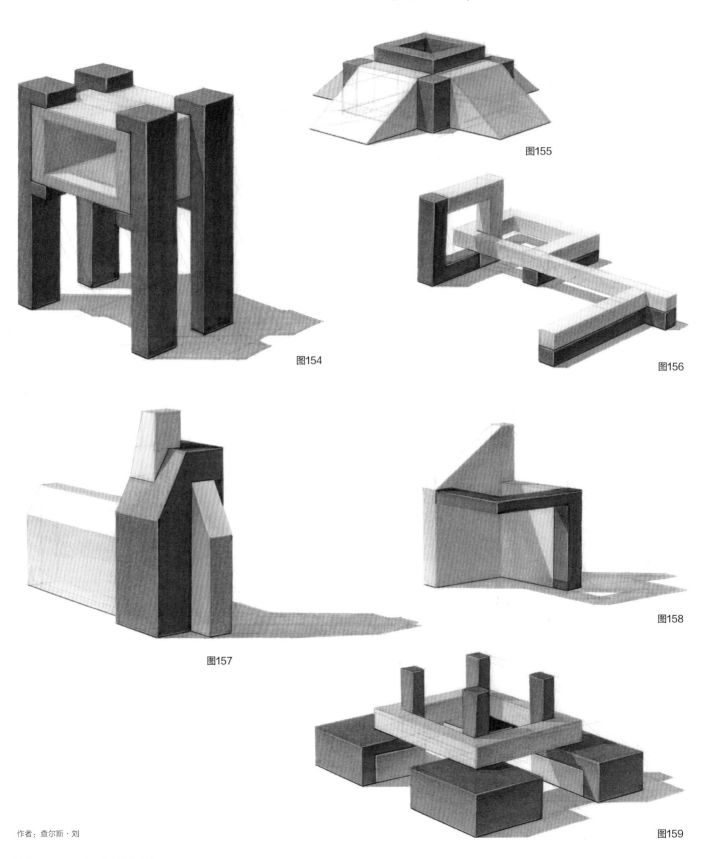

图154

图155

图156

图157

图158

图159

作者：查尔斯·刘

2.21 多光源的投影

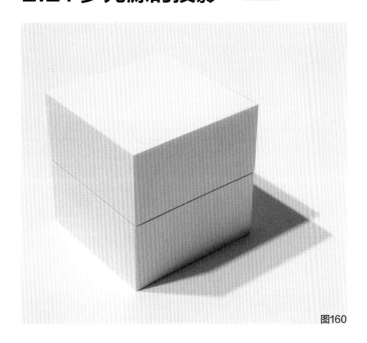

当多重光源照亮一个物体时，多重阴影就此产生。这些情况下的投影需要构建互相叠加的多重投影，以产生最终的复合投影。这个最终复合阴影有一些区域不受任何光源影响，也有一些区域受一个或者多个光源影响。（图160）

除此之外，由于吸收的周围光线或者反射光线的程度不同，这些阴影的数量也不同。下一章将更加详细地讲解如何决定投影的明暗关系和物体表面的明暗关系。

图160

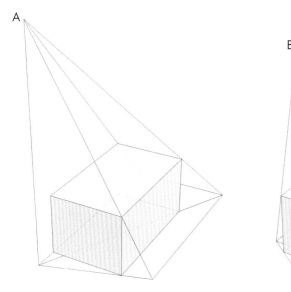

图161

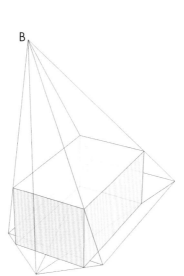

图162

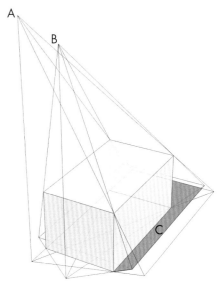

图163

本例中有A和B两个局部光源。要想创建盒子的投影，一次只能创建一个光源的投影。

第1步，图161：从局部光源A投射盒子的阴影。

第2步，图162：从局部光源B投射盒子的阴影。

第3步，图163：要融合两个阴影结构，可以在一个影子上描画另外一个的影子，或者在同一页面上构建两个影子。要注意阴影区域（C）对于两个光源来说都是常见的。这个区域最暗，因为没有其他直射光照进这个阴影。其他阴影区域取决于每个直射光源的强度，会更加明亮些。

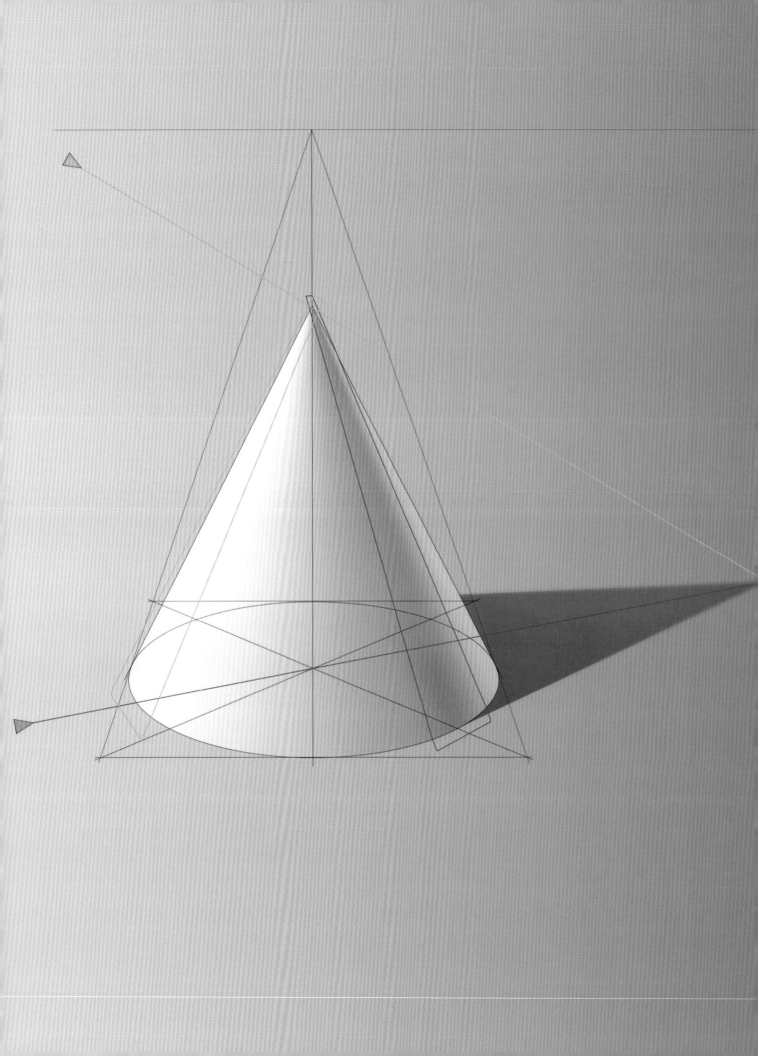

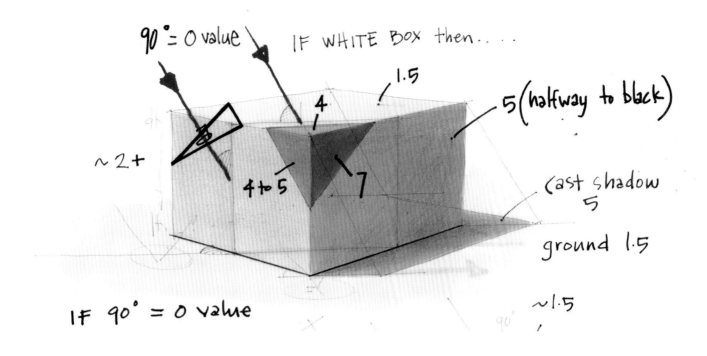

第3章 渲染几何结构

能够预测和绘制正确的投影是获得真实渲染效果的第一步。为一个立体的表面正确赋予明暗度是另一个需要掌握的重要技巧，也是本章的主题。

人类的大脑将三维形状翻译成灰度值。在艺术上，数值通常被定义为一种颜色的相对明暗度。但是，实际上颜色对于大脑理解形状和结构并不重要。我们通过明亮和黑暗状态下的变体来感知我们周围的三维立体。所以最好将明暗变化视为介于黑与白之间的很多灰色色度。当绘制或者渲染时，特别是通过想象表现时，能够利用明暗变化来传达设计理念是至关重要的。本章中，我们通

过为三维几何结构赋予明暗值（以后简称"赋值"）作为之后创建更为复杂立体的基础。三维几何结构为观察和研究基础的光照情况提供了一个好的起点，这样就可以更容易理解更加复杂的设置和结构组合。

赋值的目的是让其他人清晰理解物体的结构。赋值工具是一个起点，在创建渲染效果的同时，可以继续调整数值。调整规则，但是不要破坏规则。打破规则会让作品看起来不真实，读者也很难理解。

3.1 设置理想的光照条件 👁

1-2-3显示

物体的"1-2-3显示"是一个需要时刻铭记于心的基础概念。选择最佳的光线方向来解释物体的结构。当渲染时，不用画出轮廓来区分一个物体面的变化，所有面由数值区分开来。一个物体上有三个明显不同的明暗数值，很容易理解。在现实生活中，物体不是被轮廓包围着的，我们的大脑是通过明亮值、中度值和黑暗值来辨别它们的。物体三个可视面之间明显明暗关系变化被称为物体的1-2-3显示。

图1

第1面是最亮的面，通常是顶面。为创建侧面上的第1面，光源的位置可以很低，但是这种情况并不常见，因为我们所处的大部分环境中的光源都位于我们头顶上。

第2面是灰面，仍然处于直射光下，但是理想状态下其暗度足以使其边/面变化明显区别于第1面。

第3面也称为"影面"，是最暗的面，其边/面变化也明显区别于其本身和第2面。

像这样明显的1-2-3显示保证读者能够自然地、清晰地读取所有的面，物体将以三维形式呈现。

1-2-3显示也适用于有机形状。

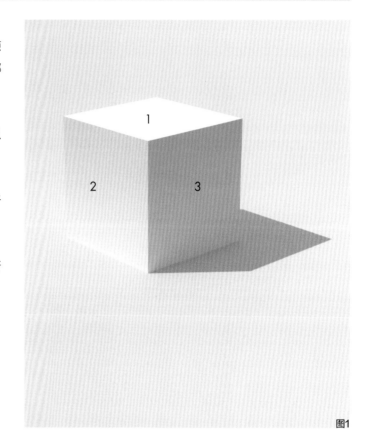

图1

图2

图3

图2和图3作者：安勋

箱体的光照策略

将物体1-2-3显示的光照策略铭记于心，对于渲染出容易理解的结构来说是至关重要的。当然也有例外情况要求不固定结构，例如大量使用背光，只能看见立体的轮廓。这些情况便于塑造物体周围环境，但是较少见。就现在来说，主要目标在于清晰明了地渲染出结构。

图4：背光立体结构缺少"第2面显示"，只实现了"1-3-3显示"。两个"第3面显示"面的数值区分度很小。

图5：顶部光照的立方体也有类似问题，也缺少第2显示面，最终形成了1-3-3显示的微弱效果。

图6：前光照射的立方体，其1-2-3显示效果不明显。光的角度在各面上形成了均匀的光照面。

图7：将光照向左置于高处，形成美观的投影，完美地区分三个可视面，形成了良好的1-2-3显示效果。

图4

图5

图6

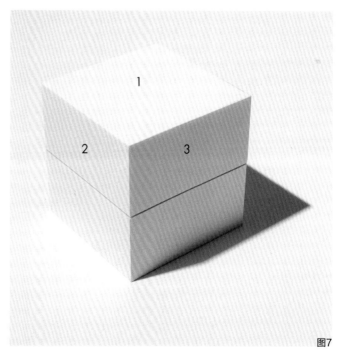

图7

3.2 亚光面物体赋值 👁

赋予明暗变化的基础是通过首先假设光照是上午晚些时候或者下午早些时候的日光而建立起来的。这是呈现物体结构最好的光照条件。太阳基本位于头顶，不仅形成短影，在物体各个面上也产生了强烈的数值改变。就是在这种情况下，我们开始判断并为物体表面赋予不同的明暗值。

赋值的范围从0（白色）到10（黑色）。准确开始的方式是以10%递增的方式计算数值。之后，根据周围环境对数值进行微调。不要纠结于数值，用你的眼睛和观察经验来判断。

影值观察：半值规律

"半值规律"观察法为确定亚光物体的影值提供了方法。首先，为物体建好真实数值（以后简称"真值"）。这是物体的真实物理颜色数值，与光照条件没有关系。为确定物体影面的数值，用10（黑色）减去其真值，再除以2，得到的数值就是影面的基础数值。下面是三个例子。

图8：该立方体涂的是白色，所以其真值是0。值5就是到黑色的中间点。因此，影面的值应为5左右，就像在白色地面上的投影。

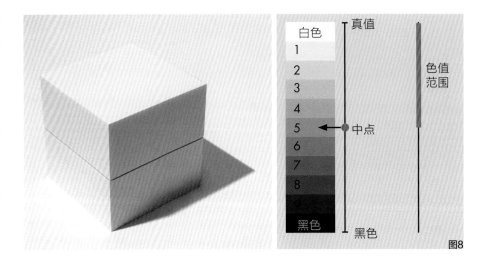
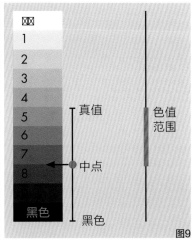

图9：该立方体的真值是5，所以现在其半值就是7.5。要注意，地面上阴影的半值仍是5，因为地面的真值是白色（值为0）。

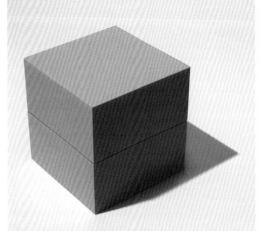

图10：该立方体的真值是8，其半值就是9。阴影保持其原有的半值5。

"色值范围"描述了在渲染物体时从最亮到最暗涉及了哪些色值。正如第一个渲染白色亚光盒子的例子，色值范围从0到5（见图中橙色线）。最暗的立方体的色值范围只延伸一步，从8到9，但是白色立方体的色值范围包括5步。展示稍暗物体的结构需要有能力渲染出色值的细微差别。以一个稍亮的真值作为渲染的起点可以更容易展示物体的结构，因为还有其他更多需要渲染的色值。

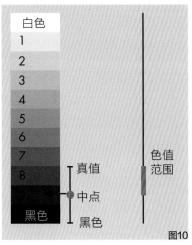

物体真值和投影值

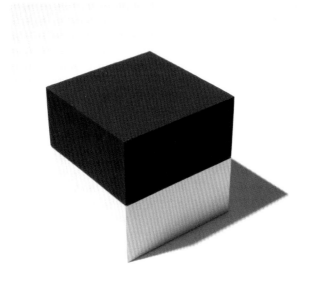

图11

图12

投影数值也遵循半值原则。要考虑的真值就是投影所落在的表面的值。

图11：尽管立方体本身是黑白的，但是在地面上的投影和封面上的例子看起来是一样的，因为地面的真值是一致的，都是白色。

图12：这时候地平面有三个不同的值。观察一下投影值是如何根据每个条纹的自身真值在其上转变为半值的。

环境光影值

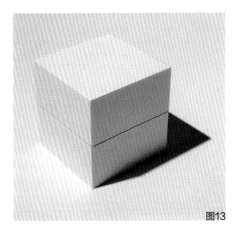

图13

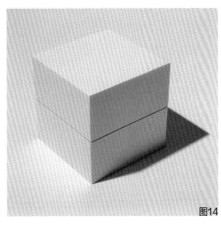

图14

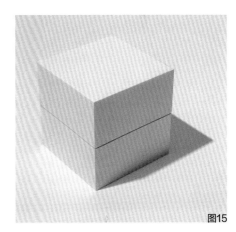

图15

半值观察法假设光照是正午时的日光，环境光来自晴朗的蓝天。但是，局部光的条件可以千差万别，因为可以控制环境光的强度。

图13：降低环境光的强度，形成稍暗的阴影。

图14：将环境光的强度和白天的光匹配，再次形成了半值观察现象。

图15：增加环境光的强度会让阴影明亮很多，不再遵循半值原则。

渲染参照图像时，这些变化需要考虑在内。这些条件要么对，要么错，只是根据不同的光照情况而定。在形成协调、真实图像的渲染过程中，需要辨别并持续遵循光照情况的变化。

▶ 视频讲解

3.3 其他面的赋值 👁

总结一下，应用半值策略建立被日光直射的暗部的色值范围。白色立方体真值的暗部值为5，其他面的色值范围在0到5之间。

确定这些其他亮面的值，需要评估光线射于这些面的角度。入射角决定这些面的值。与光线方向垂直的面的值接近其真值，而与光线正切的面的值接近其阴影值，也就是半值。

观察并预测光线与一个面的入射角是赋值最有效的方式。计算所有入射角的真值过于烦琐。这一知识最大的用处在于其可以作为观察和渲染的一个概念性的工具。

顶面，第1面

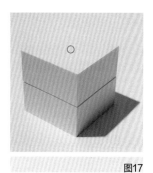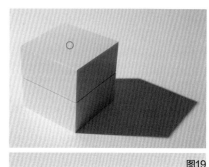

图16　图17　图18　图19

重点关注图中这些立方体的顶面值。每张图片底部的值样是取自橙色圆圈区域的色值样本。顶面值随着光照下行而变化，可由图中变长的投影而知。（图16~图19）

顶部光照产生最亮的顶面值（图16），低处的侧光产生稍暗的值（图19）。

表面的值取决于光线的角度。当用侧光渲染立方体时，顶面绝对不是纯白的，而是明亮的灰色阴影。

观察一下地平面。随着光线的移动，其值也发生了变化。最常见的错误就是忽略地平面，在纸张上留白。

前面，第2面

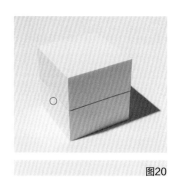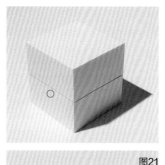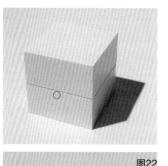

图20　图21　图22　图23

第2面的值在物体1-2-3显示中也是由光线的角度决定的。本例中，立方体旋转时光源保持静止。橙色圆圈表示每张图片下的色样来自何处。记住第2面上有反射光的渐变，数值样本代表其面的均值。

当第2面远离光源（不太垂直）时，就像图22和图23中显示的一样，其值减小。

注意第1面的值在每张图片中是不变的，第2面的值发生变化。确保要平衡第2面的值，使其与第1面和第3面区分开来，从而实现良好的1-2-3显示效果。

设计色值

一定要在渲染之前花时间设计明暗数值。可以利用最好的绘画能力来预估光线投射到面的入射角，可以在面上写出数值，建立正视图，从而增强对光照条件的理解。

本页中的草图是为最终渲染做准备的学习笔记。（图24~图27）通过练习，这些书面笔记最终会被练习者自己的思维过程取代。培养更具批判性的眼光可以提高更加准确判断渲染成品的能力，无论其是手绘的，还是通过3D计算机渲染软件生成的。（图28）

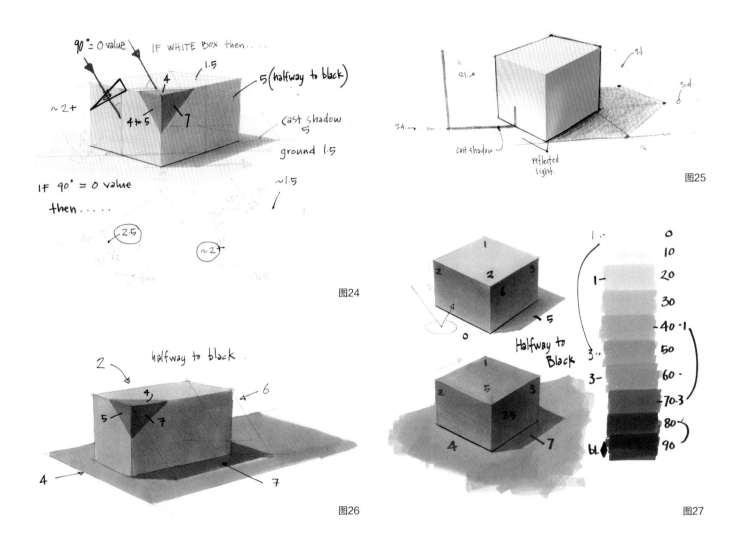

图24

图25

图26

图27

图28

3.4 反射光

反射光令渲染效果栩栩如生。若只利用单纯的数值渲染平面，会让平面看起来不自然。利用反射光形成轻微的渐变感即可克服这一缺点。反射光入射到一个面，之后再反射到另外一个区域，使面的光照更加柔和。

大部分材料不同程度的反射光。反射光是建立渲染真实感的基础，因为其将物体联系在一起。反射光不仅表明其他元素的存在，而且反映出这些元素是如何互相影响的。

反射光从地面上反射出去

在这些例子中，观察一下，随着地面值的变化，反射光是如何从地面到立方体的第2面逐渐可见的。

图29、30、31和32显示，当一个稍暗面置于第2面前时第2面是如何变暗的。这是因为一个面越暗，反射出去的光越少。亮面比暗面反射的光多。

图32用红色的纸明确显示立方体的第2面是如何受反射光影响的。反射光通过渐变不仅影响第2面的值，而且影响其颜色。本例中的反射光是红色的，因为反射光呈现出其反射出去的表面的颜色。

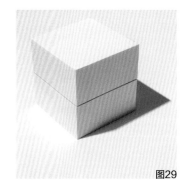

图29

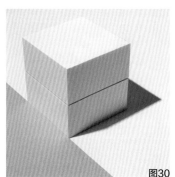

图30

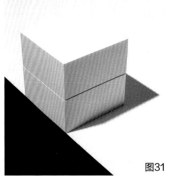

图31

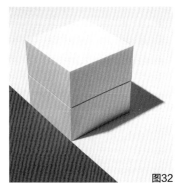

图32

图33、34、35和36显示了地平面的值是如何影响立方体暗部的反射光的。尽管立方体第2面仍有变化，但是对其暗部产生了相当大的影响。这是因为尽管第3面上的反射光数量比第2面上的少，在视觉上却相当强烈，对第3面的整体值影响更大，因为在这个区域没有直射光。

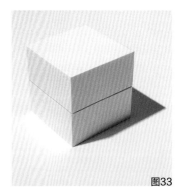

图33

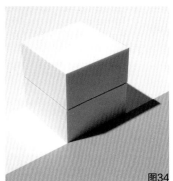

图34

图35

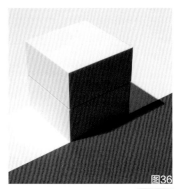

图36

▶ 视频讲解

平面反亮部的反射光

平面反亮部也称为反光板或反光卡,是指用于操控主光源反射到场景中选定区域的面。这些反光板通常位于图像框架外,因此是看不到的。

对比图37、38、39和40,明显可以看到阴影和第3面是如何受到平面反亮部影响的。阴影和第3面的明暗取决于所选反光卡的明暗。

图40中红色平面反亮部显示投影和暗部都受到影响。将平面反亮部想象成墙或其他物体的替代物,这样你可以渲染同样的图像。确保补光同时影响投影和立方体,不仅仅影响其中一个。

图37

图38

图39

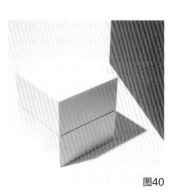

图40

反射光:二次反射

反射光不仅是一次反射,也将弱光照射到投影上。图43中,地面将光反射到立方体的底面上,这个底面又将反射光返回到投影上,从而在立方体的底面和投影上形成了渐变。

图42:立方体的底面是看不见的,但是其投影明确地反映出了二次反射光的影响。

图43和44是遮蔽阴影的范例,此处相邻面接收到的反射光减少,因为其底面几乎要接触到桌面了。

图41

图42

图43

图44

3.5 局部光赋值

在局部光条件下，就像在太阳光下一样，光线的入射角是赋值的关键因素。主要不同点是在局部光下，由于光线不是平行的，光线在平面上的入射角是不断变化的。如果在黑暗环境中只有一个

光源，减少环境光的数量会让投影比在明亮天空下的环境光条件下更暗。环境光强度的调整可以决定投影和第3面的暗度。

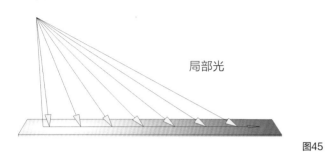

局部光

图45

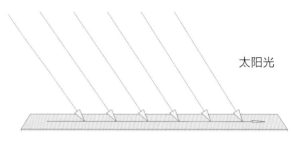

太阳光

图46

图45：因为局部光的光线产生于一点，所以其入射角沿着一个平面发生改变。最亮的值就位于光源的正下方，投影和阴影面可能变得比半值还要暗。

另外，光源的强度随着距离的增加而逐渐减弱，对应本书第10页

所介绍的衰减效果。

图46：通过对比，平行的太阳光线的入射角通常是相同的。这样就在整个平面上形成一个平均值。

图47

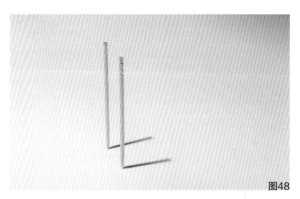

图48

图49

图50

图47和49显示了在烛光下，由于光线微弱，衰减效果达到极致。

图49表明衰减不仅发生在地面上，也发生在立方体的顶面和侧面。这些微妙之处使得局部光渲染更有吸引力，效果显著。

为了进行对比，图48和50都是太阳光的光照条件。在图48中，由于衰减的原因，地面几乎没有渐变。

在图50中，立方体的面显示出渐变感仅仅因为发射光，而不是因为主光。

观察诸如此类的现实生活中的场景可以帮助你决定如何将这些场景渲染到最佳状态。功率大的灯泡与场馆照明有着不同的效果。主要目的是更好地烘托产品细节。保持良好的1-2-3显示效果可以保证在任何光照条件下都可以达到这种渲染效果。

局部光渲染实例

当在物体表面，地平面和背景中包含衰减效果时，渲染局部光就变得最具有说服力。减少环境光的数量将使阴影变暗，增强1-2-3显示效果。结合所有这些元素就可以让观察者快速理解局部光渲染效果。（图51~图54）

图51

图52

图53

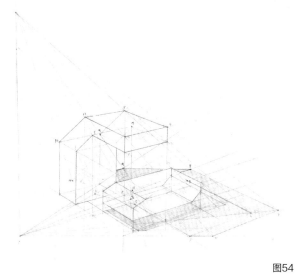

图54

本页画作皆为安勋所作

3.6 斜面赋值

在设计斜面赋值时，考虑到光线的入射角更加重要。找到基础值后，进行视觉判断是精确数值的好办法，因为这些面可能非常复杂。

斜面赋值的目的是利用更改数值来区分每个面。有必要理解数值改变会显示为表面变化，即使这些变化非常微小。

斜面的赋值设计和方法

如图55所示，

第1步：将光线置于可以在表面上形成强烈1-2-3显示效果的最大赋值，该表面与光线的方向（A）最为垂直，位于垂直墙面（C）上。

第2步：根据光线入射角的变化，对斜面（B）进行设计并赋值。要记住如果结构变化，其数值肯定也会改变。要记住，我们的大脑将数值改变记录为表面变化。

第3步：填充数值，开始渲染。不要忘记背景和地面。

第4步：画好所有数值的草图，通过心中的局部对比调整数值。这些都是相对小的数值渐变，所以渲染时需要格外小心。

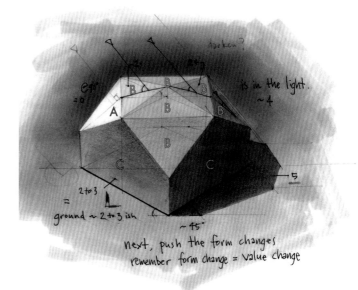

图55

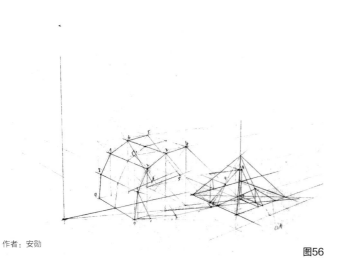

作者：安勋

图56

作者：安勋

图57

如图56、图57所示，周密的设计和高超的技巧结合在一起是获得良好的渲染效果的基础，有很多正确的方法和方式来实现。要想呈现出良好的渲染效果，使之效果突出，就有必要时常训练视觉。技巧可以通过练习不断提高，例如，拍照并将照片转换为黑白图片，看一看在彩色环境下呈现的数值。

另一种策略就是运用经典的艺术家的技巧，眯起眼睛将颜色变化转化成数值改变，从而来理解一个结构。

实施这个现实生活中的练习，将之添加到前面介绍的技巧中，你就可以自信地提升自己的设计审美，因为你是根据自己的想象力渲染的。

学生作品实例

图58~图63都由查尔斯·刘所作。

图58

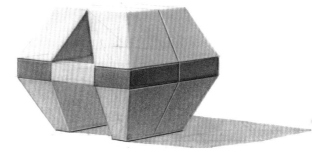

图59

图60

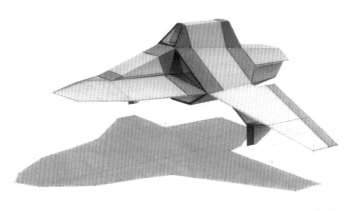

图61

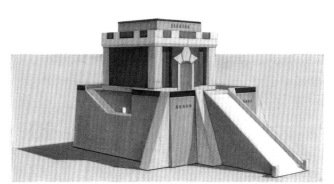

图62

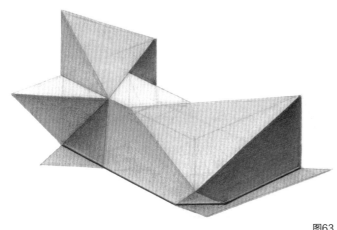

图63

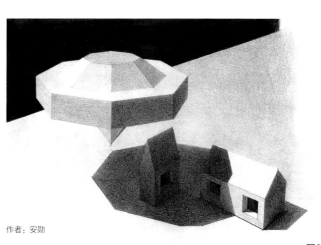

作者：安勋

图64

3.7 渲染曲面 👁

渲染曲面时，理解物体暗部从何处开始是非常关键的。涉及平面和尖角时，暗部明确取决于那些边缘。但是通常曲面没有可以决定暗部的这些边缘。

曲面阴影术语

渲染某一个曲面时，一个球体包括了所有需要考虑到的元素。熟悉下图中的正确术语，意识到元素之间是如何互相影响的是非常重要的。如图65所示，下面几页将详细讨论每个术语。

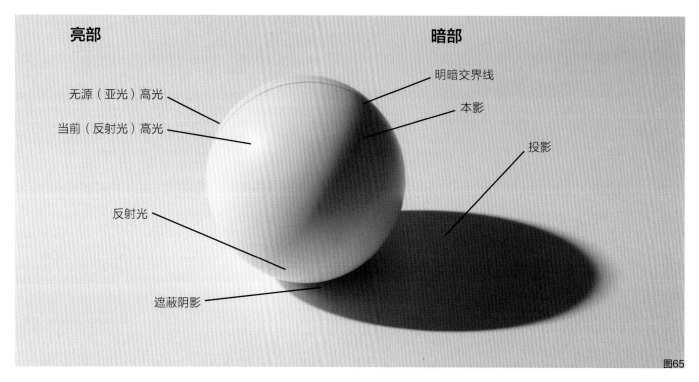

亮部

暗部

明暗交界线

无源（亚光）高光

本影

当前（反射光）高光

投影

反射光

遮蔽阴影

图65

亮部、暗部和投影

如下图66、图67和图68所示，亮部、暗部和投影是大脑理解结构的主要图形元素。眯起眼睛观察这些图形可以更容易看出这些主要图形元素。

亮部是直射光照到的区域。光源可以是太阳光，也可以是局部光。暗部是没有暴露于直射光下的区域，但是通常会受到反射光或者环境光的照射。这种强度稍弱的光引起数值改变，从而可以理解立体暗部的形状。明暗交界线位于亮部和暗部的过渡位置。投影形状从明暗交界线投射到地面上。

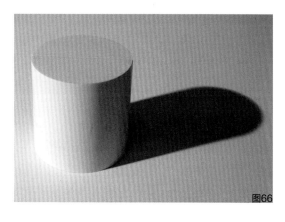

图66

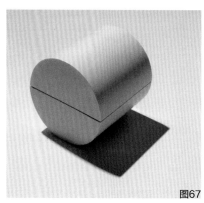

图67

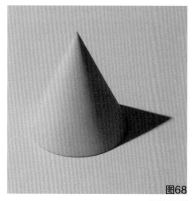

图68

▶ 视频讲解

明暗交界线和明暗交界线区域

明暗交界线和明暗交界线区域紧密相关。明暗交界线出现在从亮部向暗部过渡的位置。当有环境光或反射光影响物体暗部时，就可以看到明暗交界线区域。

明暗交界线

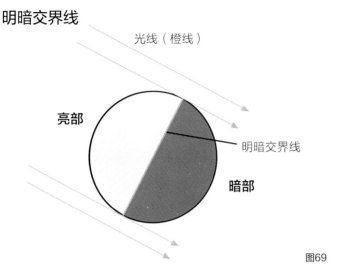

图69

图69：明暗交界线（橙线）是亮部过渡到暗部的位置。位于光线与物体表面相切处。

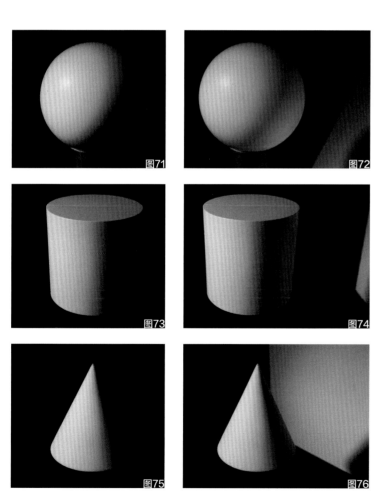

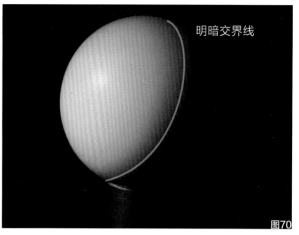

图70

图70：当移走所有的环境光和反射光时，明暗交界线就清晰可见了。当物体处于完全黑暗的环境下时，就像外太空一样。在这种情况下，就可以清楚地察觉到亮部的形状，因为在其表面上有足量的数值改变，但是暗部的数值改变微弱或者没有数值改变，所以几乎看不到。球体暗部任意可以觉察到的形状仅仅是大脑对立体对称性的假设。

要想渲染出立体暗部的结构变化，就必须引入反射光或环境光。该反射光照亮物体的暗部，这时就出现了明暗交界线区域。明暗交界线区域是数值渐变的暗环，始于明暗交界线，随着反射光强度的增加，在物体暗部也更加明亮些。

对比图71~图76中几何体的逐面图形。在右侧，增加的反射光在暗部形成了数值渐变，增强了几何体的立体感。没有来自地面的反射光，为了消除地面的影响，物体被悬挂或被抬高。

常常通过增加反射光来形成明暗交界线区域，因为其在刻画暗部形状上起了很大的作用，同时将物体和周围场景联系起来。即使照片中的暗部不可见，有时也可以通过发挥艺术想象力及添加反射光突出形状来增强渲染效果。

3.8 结构高光 👁

物体表面最亮的区域通常称为高光区。这种称呼可能会产生歧义，因为实际上可以看到物体表面有两个高光区，在此处材料表面出现一定程度的反射现象。

无源高光区

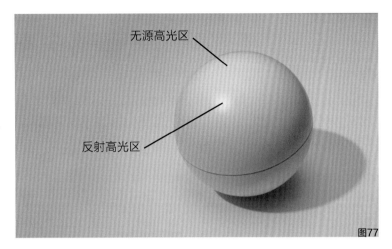

无源高光区

反射高光区

图77

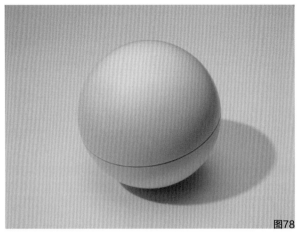

图78

无源高光区是亚光面上最亮的区域，出现在光线与该面最垂直之处。即使相机或者观察者围着物体转，无源高光区相对于光源的位置不变。

图77：反射高光区和无源高光区都可以看到。注意，它们在位置上并不匹配，却位于表面上的不同区域。

图78：反射高光区已被移除，球体看起来就更像有一个亚光面一样。

反射高光区

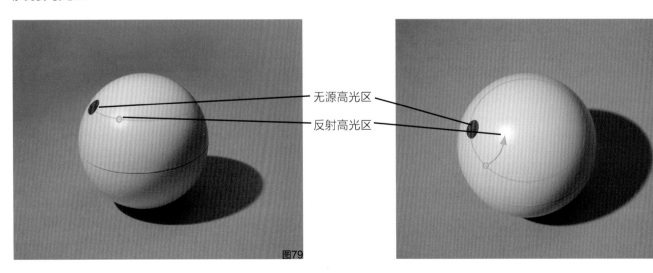

无源高光区

反射高光区

图79

图80

反射高光是光源反射在物体表面上的现象。该反射高光随着相机或观察者的位置变化发生移动，因为光线与表面的入射角的视线发生了改变。（第07章将详细阐述）

图79：无源高光区的位置用红点标记。反射高光区的位置与无源高光区的高度相近，见图中红线。

图80：相机移到了球体上方一个更高的新位置，但是光源未移动。注意观察无源高光区是如何保持其在球体表面上原有位置的，因为无源高光区只与光线入射到表面上的入射角相关。但是，反射高光区已上移到一个新位置，其位置与观察者的位置（视线）及光源相关。

反射光和遮蔽阴影

反射光和遮蔽阴影使曲面渲染栩栩如生。这些微妙的配合赋予场景真实感，此时所有的表面在视觉上互相影响。

图81：反射光与立体和地面呼应。观察光是如何从地面反射到球体下半部分的。反射光甚至减小明暗交界线区域的值。

图82：注意光是如何从圆柱体表面反射到圆柱体前面的地面的。反射光同等影响物体表面和周围环境。

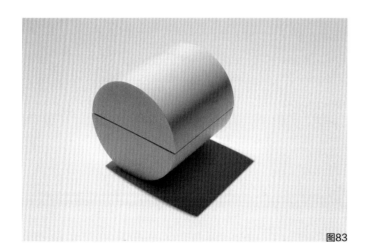

图83：遮蔽阴影就在圆柱体接触地面的旁边。由于环境光或反射光减弱，遮蔽阴影是投影最暗的部分。接收较少环境光或反射光照射的阴影区域比接收较多的周围阴影区域暗。像汽车上的切线或进口等空穴和裂缝也是这种情况。

从这三张图片中都可以看到反射光和遮蔽阴影。既然你已经意识到其存在，就要开始通过观察研究。在渲染形体时，应用这些原理是实现高质量、真实图片的关键。

3.9 圆柱体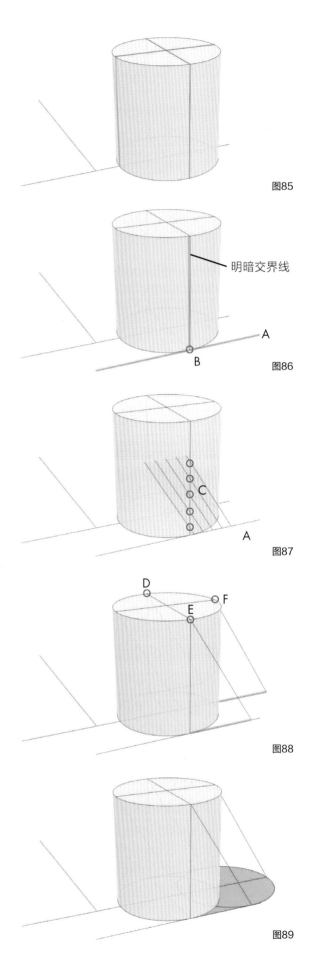

构建太阳光下直立圆柱体的阴影

投射直立圆柱体的阴影需要找到圆柱体的投影和本影。将圆柱体放置在精确的透视格中的适当位置是非常关键的。

第1步，图85：设置好圆柱体、光和影的方向。将圆柱体平分为四部分，首先用影向确定光平面，然后画出和第一个平面呈90度的透视平面，并从圆柱体顶部中心穿过。要达到这个目的，一个简单的方法就是使影向和透视格对齐。

第2步，图86：在影向上画一条和圆柱体底部相切的线（A），其决定了底部的明暗交界线。

图87展示了从线A向上延伸的光平面（C）的光线是如何与圆柱体的侧曲面相切来确定明暗交界线的（B）。

第3步，图88和图89：通过将四分之一标记点D、E、F处的每条线段投影，将圆柱体的顶部投影于地面。由四分之一标记点在地面上确定一个椭圆和一个垂直轴，轻轻画过圆柱体。如果阴影短，椭圆的大小和程度同决定该圆柱体底部的椭圆相似。

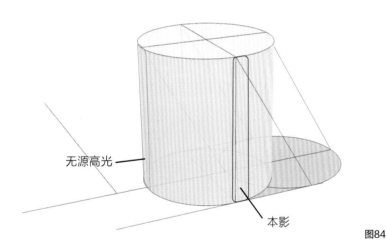

图84

图84：侧面的明暗交界线切线决定了明暗交界线区域的起始位置。明暗交界线区域位于明暗交界线向暗部过渡方向之后。明暗交界线区域的宽度取决于曲面的半径，半径越大，明暗交界线区域越宽。

在顶视图中，垂直面的无源高光区位于该面直接接触光源处。这是垂直曲面最亮的区域，但不是整个圆柱体最亮的。顶面接收的光更加强烈，因为其与光线更加垂直，使之成为1-2-3显示的第1面。

太阳光下直立圆柱体的渲染

在掌握了平面物体渲染技巧的基础上，需要在渲染直立放置的圆柱体时记住下面这些要点。

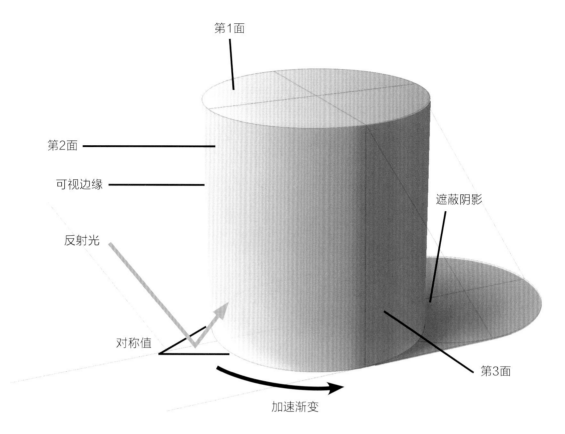

图90

重要赋值

如图90所示，这个圆柱体一样的曲面物体，确保保留好1-2-3显示效果，就像保留只有平面的物体的1-2-3显示效果一样，如盒子。通常顶面是最亮的，直面光源的垂直面稍暗，因为大多数光源都位于场景上方，在该面的对面。暗部和投影依然遵循半值观察和练习规律。理论上，其值是一样的，但是反射光和环境光将暗部照亮，让投影和暗部产生了区别，为渲染增添了多样性。

垂直面渐变

被照亮的垂直面有从亮面到暗面的渐变明显。其数值随着该面和本影位置的拉近迅速改变。避免直线渐变，因为形体最终会看起来没那么弯曲。

数值对称

设想圆柱体被影向面从中间分开。这个分割线也是数值的对称线。其决定了圆柱体可视边缘的数值。在这里为圆柱体表面添加暗值形成与背景的对比，要利用背景值来营造鲜明的轮廓。

反射光

从地面反射出去的反射光将圆柱体与反射光光源最垂直的面照得最亮。这个效果在地面（反射光的来源）附近最明显，之后该面上的光逐渐消退。当该面远离光源时，可以看到同样的反射光衰减效果。

遮蔽阴影

在离圆柱体与地面接触的最近的区域，投影最暗。记住，这个遮蔽阴影区域渐变不是直线的，靠近遮蔽源，渐变明显，本例中的遮蔽源是地平面和圆柱体侧边的交汇处。

构建局部光下直立圆柱体的阴影

局部光下投影的构建和在太阳光下的构建方法非常相似。主要区别在于投影的形状和明暗交界线的位置。与在太阳光下不同，在局部光下，明暗交界线不会将形体分成两半，同时，物体的暗部比亮部的面积要大。如果诸如蜡烛或者手机的光照等光源靠物体很近，就可以明显地看到这种效果。

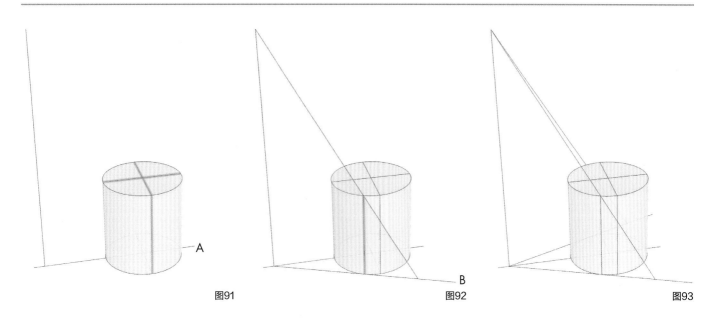

图91　　　　　　　　　图92　　　　　　　　　图93

第1步，图91：设置好光源和影源。从影源开始画一条线（A）穿过圆柱体底部的中心。在顶视图下，这条线作为将圆柱体平分为四部分的基线（蓝线）。

第2步，图92：找到明暗交界线（绿线），从影源画一条与圆柱体底部相切的线（B）。可以看到，与在太阳光下不同，明暗交界线的位置并不与圆柱体的四分之一分割线重合。

第3步，图93：在圆柱体的另一侧重复上述操作。

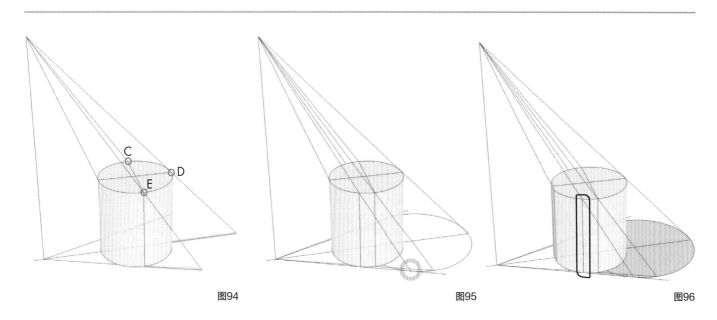

图94　　　　　　　　　图95　　　　　　　　　图96

第4步，图94：将圆柱体顶面的四分之一分割点（C、D、E）投影于地面。

第5步，图95：在地面上放置决定顶面投影的椭圆，顶面与明暗交界线的投影线相切。

第6步，图96：将顶面投影与明暗交界线的投影结合在一起，就确定了整个立体的投影。

可以看到，明暗交界线区域的构建位置与圆柱体半值点并不重合。同时也注意到在顶视图下，垂直面的无源高光区与光线垂直。

局部光下直立圆柱体的渲染

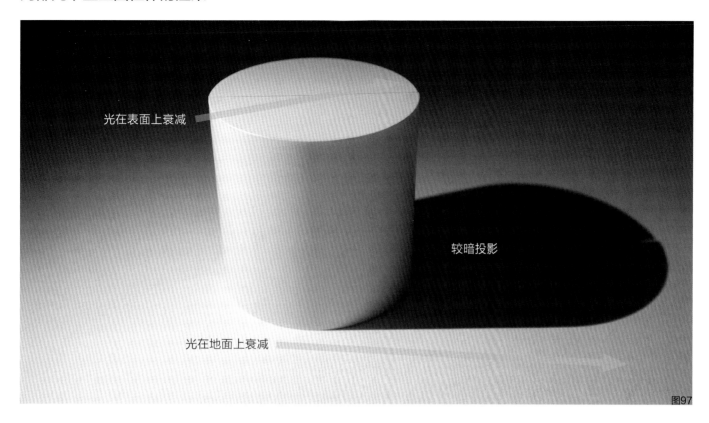

光在表面上衰减

较暗投影

光在地面上衰减

图97

渲染局部光下的直立圆柱体，要遵循太阳光下圆柱体的渲染规则。同时要记住，明暗交界线区域和投影的形状和位置不同。

还有很多其他不同之处。在图97中，可以看到由于缺少反射光或环境光，投影可以变得非常暗。因为局部光源的衰减，地面上出现了渐变。注意这种衰减也影响了形体的顶面。

观察现实生活中的物体是学习渲染的明智方法，同时将局部光和太阳光进行对比和对照。

直立圆柱体渲染实例

作者：郭恬旭（Tianxu Guo）

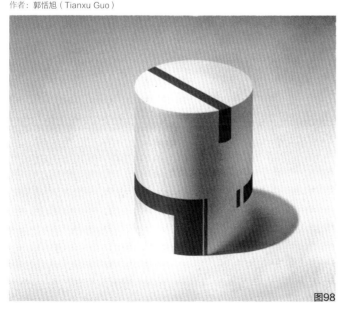

图98

作者：查尔斯·刘

图99

构建局部光下水平圆柱体的阴影

构建水平圆柱体的阴影，有必要知道如何在一个角度切入圆柱体形成截面线（图100），如何投射一张直立光盘的阴影。（图101）

在下面的例子中，为专注于主要的渲染点，减少了构建线。

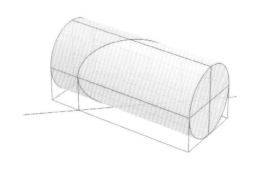

图100

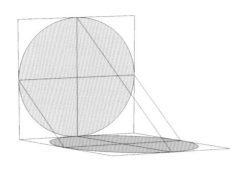

图101

水平圆柱体的明暗交界线、高光和投影边缘

构建直立圆柱体的明暗交界线和高光，仅仅需要知道影向就可以找到必要的切线（图102和103）。对于水平圆柱体来说，明暗交界线的位置仍然由光线和曲面的切线决定，但是由于其可能的方向比直立圆柱体要多，所以需要影向线、光向线和光平面来构建（图104和105）。

图104：明暗交界线区域（A）和无源高光（B）与圆柱体的轴线平行，这样就可以通过参考光平面和圆柱体表面相交的截面线确定A和B的位置。

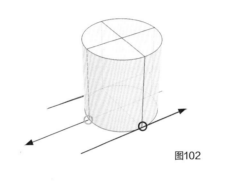

图102

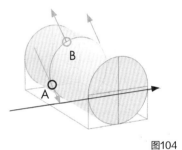

图104

顶视图

图103

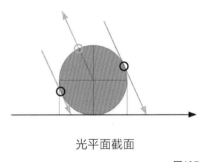

光平面截面

图105

记住这些原理，下面我们来看一下不同的光照情况，这些情况在处理圆柱体时很常见。（图106）

太阳光从顶部照射： 光线与地面垂直。

太阳光呈一定角度照射： 光线与地面不垂直。

局部光： 光平面自局部光源开始呈扇形散开。

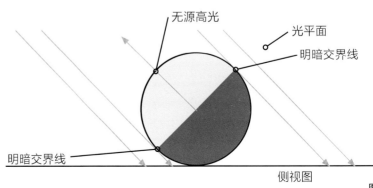

无源高光

光平面

明暗交界线

明暗交界线

侧视图

图106

视频讲解

渲染太阳光下的水平圆柱体：顶光

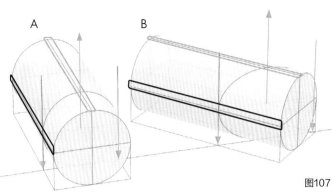

图107

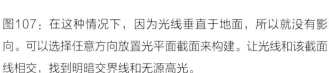

光平面截面

图108

图107：在这种情况下，因为光线垂直于地面，所以就没有影向。可以选择任意方向放置光平面截面来构建。让光线和该截面线相交，找到明暗交界线和无源高光。

看一下上面的两个圆柱体（图107），光平面与圆柱体A的端面平行，与圆柱体B呈斜线相交。在横截面中（图108），两个圆柱体的明暗交界线和无源高光相对于地面的位置是完全一样的。

这样当太阳光从顶部照射时，就可以用水平圆柱体的端面截面来构建投影。这是构建投影最简单的方法，因为其总是与圆柱体的面积一致，也是圆柱体直接投射到地面的顶视图。

构图

图109：光线的切线决定了明暗交界线的位置。无源高光就位于顶面和光线垂直的地方。圆柱体的该点可以通过从中心向光平面上的光源画线找到。光线和地面的横截面决定了投影的大小和位置。

赋值

图110：确定物体的真值，然后根据半值规律为其赋值。

明暗交界线区域

明暗交界线区域由反射光从地面反射出去而产生，照亮了圆柱体的暗部。

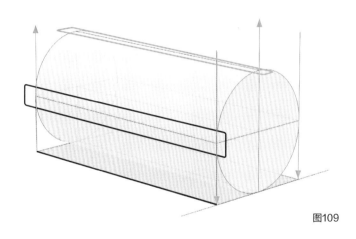

图109

无源高光

无源高光是物体的真值，因为它的光线是垂直的。

遮蔽阴影

圆柱体接触地面时产生遮蔽阴影。要保证圆柱体真的看起来像躺在地面上一样，就要对这个阴影进行渲染。

端面

因为光线与端面平行，所以投影是一条线。可以渲染为第2面或第3面。第3面将1-2-3显示效果最大化。不要忘记，地面上的反射光会照亮距地面最近的端面区域点（A）。

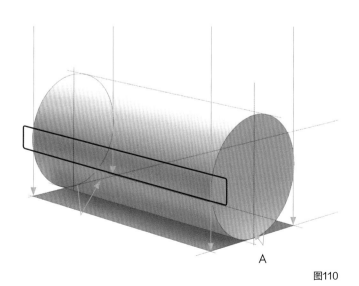

图110

渲染太阳光下的水平圆柱体：侧光和斜光

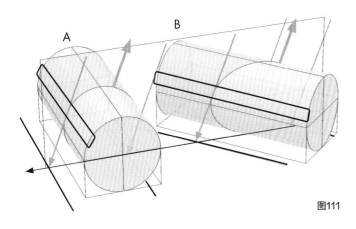

图111

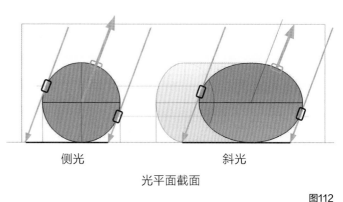

侧光   斜光

光平面截面

图112

当光线和地面不垂直时，就需要找到影向线和光平面。光线和表面的切线仍然决定了明暗交界线的位置。当太阳光位于顶部时，只有一种情况，因为明暗交界线的相对位置不变。但是，当光线与表面呈一定角度时，情况就不一样了。

图111：对比上图两个圆柱体的截面。圆柱体A与光平面垂直，圆柱体B与其呈一定夹角。

图112：在两个圆柱体的横截面中，可以看到明暗交界线相对于地面的位置发生了改变。另外，也可以看到明暗交界线在地面上的投影在距离上和圆柱体的面积不同。这些不同之处根据光线角度和圆柱体之间相对的旋转程度在强度上会有所不同。

渲染太阳光下的水平圆柱体：侧光

构图

图113：可以选择任意光平面来构建，最简单的就是利用圆柱体的端面截面。找到切线，向光源方向画线构建明暗交界线、无源高光和投影。

渲染

图114：渲染数值渐变、明暗交界线区域、无源高光和端面，要遵循太阳光从顶部照射的圆柱体的渲染方法。

顶部光照和侧光照射最大的不同点就是所有元素的位置都已经发生了变化。因此，遮蔽阴影可能变得更暗，圆柱体暗部的反射光在这个角度减弱，因为反射光的光源（地面上被照亮的区域）离得更远了，也没有反射光从投影反射出去。

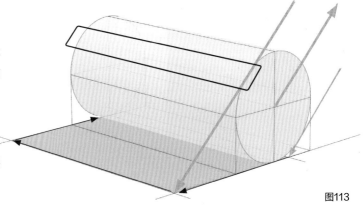

图113

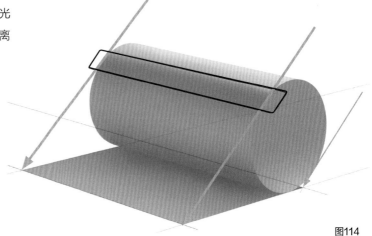

图114

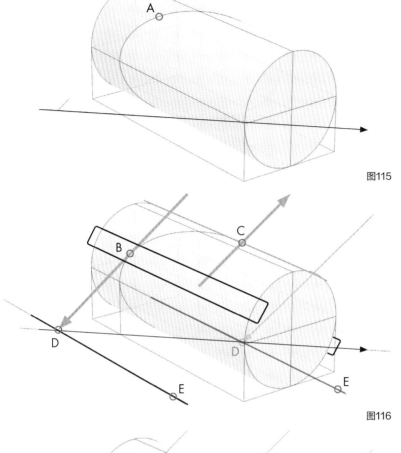

渲染太阳光下的水平圆柱体：斜光

构图

图115：选择一个切入圆柱体的光平面，避免切入两端。如果圆柱体太短，延长之后再构建，在圆柱体表面上标记截面线（A）。

图116：找到明暗交界线（B）、无源高光（C）、投影在地平面的宽度（D）。向外延伸宽度线到端面外，使之足以投射端面的投影（E）。

图117：投射垂直端面的阴影，要向地面上投射足够的线段点便于预测。因为也要预测椭圆，所以通常四个点就够了。根据前端面的形状和位置猜出远处另外一个端面的投影，这是因为两者的形状相同。唯一不同之处是远端的阴影可能会因为透视短缩而显得稍微小些。

渲染

图118：除了其前端面目前处于光照下，是真正的第2面之外，数值和侧光照射的圆柱体相似。由于光线射到表面时的角度不是垂直的，所以无源高光比圆柱体的真实色彩暗。

仅为最亮或最暗的区域按照步骤赋值是有用的，例如，无源高光、明暗交界线区域、端面和投影。避免精确具体数码，相反，尝试观察并找到可以最有效传达立体的过渡渐变。

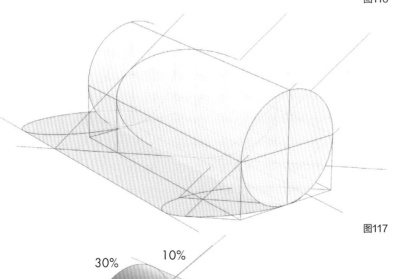

渲染局部光下的水平圆柱体

图119：局部光下，光平面从影源处呈扇形发散。每个光平面以不同角度切入圆柱体。选择垂直切入圆柱体的平面（A）是最好的构建方法，因为这个截面和端面截面最相似。如果因为圆柱体太短而没有垂直截面，考虑延长圆柱体后再构建。

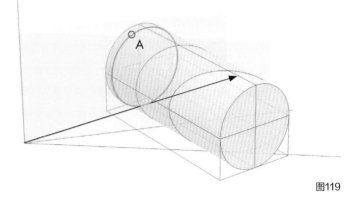

图119

图120：参照侧光的构建方法，找到明暗交界线和无源高光。

图121：利用明暗交界线确定投影的宽度。

图122：尽量多投射需要的点来构建圆柱体端平面的投影。仔细观察本例中前端面，远端面可以根据经验猜测来创建，因为阴影很薄，只有很小的部分是可见的。

图123：该渲染圆柱体的方法和太阳光下圆柱体的渲染类似，但是，现在需要考虑局部光源的衰减。无源高光和地面将光源的衰减显示出最明显。

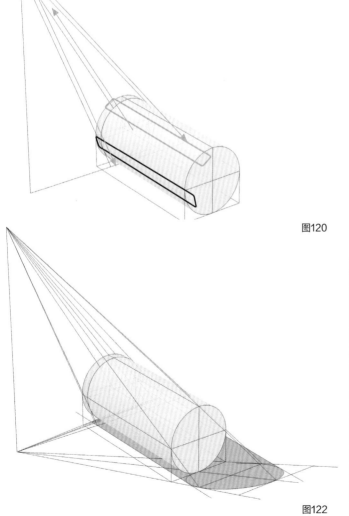

图120

图121

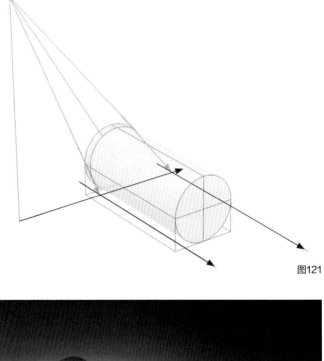

图122

作者：郭恬旭

图123

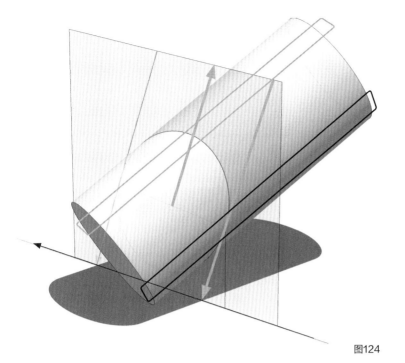

构建倾斜圆柱体的投影

当一个圆柱体倾斜时，其阴影构建遵循水平圆柱体的构建规则。图124显示斜光下的倾斜圆柱体，其中包含了所有非顶光条件下的原则。

要找到明暗交界线、无源高光和投影，就需要光平面截面。

其构建可能变得非常复杂，需要知道圆柱体在三维空间的精确位置。要确定一下，是创建一个完整的投影有用，还是利用经验猜测方法来构建更好。

同时，当处理位于更加复杂位置的几何形状时，利用简单材料创建更加实用、可见的设置是预览光照最不费力气、最好的方法。这种情况下，利用纸板卷、纸张和台灯来体现渲染效果。

图124

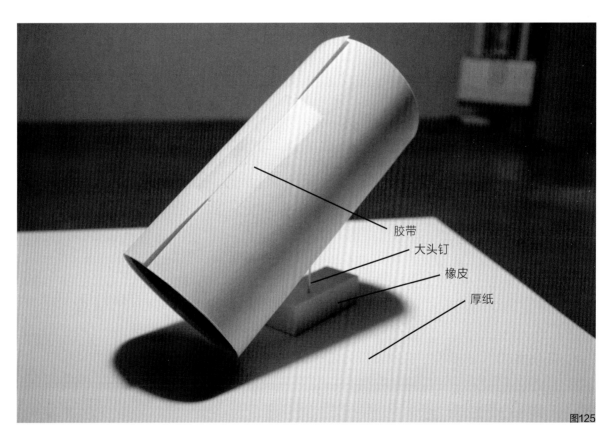

胶带
大头钉
橡皮
厚纸

图125

创建真实的场景

创建一个真实的场景来获得需要的信息。观察现实世界中的物体在现实世界中的光照下如何表现通常是提升技能最有效的方法。（图125）在这里，地面上的本影和投影是需要关注的主要区域。使用亚光面的白纸构建最清晰显示高光和阴影的表面。卷一个纸板筒作为圆柱体，利用可用的工具将其粘贴好。本例中，使用橡皮作为基础，大头钉用于变换位置。将其放置在白色的厚纸上，增强对比和反射光。端面没有那么重要，所以圆柱体的端面不是实际存在的。用胶布粘贴起来的接缝放置于不会影响观察任何光和影的地方。

3.10 圆锥体

渲染太阳光或局部光下的圆锥体

成功构建圆柱体的阴影后，构建圆锥体的阴影就简单了。但是，需要记住一个重要的区别！画出与圆锥体底部相切的影向并不能找到本影的准确位置。圆锥体有一个越靠近顶部越细的面，所以与具有平行面的圆柱体相比，圆锥体本影的位置是变化的。

图126：如果影向与圆锥体底部相交点（A）与圆锥体锥顶的投影（B）相连，那么连接线要穿过圆锥体的底部，这明显是不正确的。

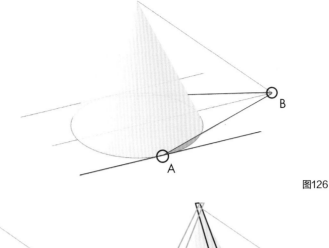

图126

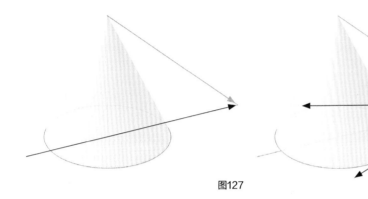

图127 图128

图129

图127：所以，创建圆锥体的阴影，首先要找到圆锥体的锥顶在地面上的投影。

图128：从锥顶的投影引出两条线，使其与圆锥体的底面相切。

图129：现在确定了明暗交界线和投影。被动高光的位置和在直立圆柱体上的一样，只不过其形状要变成锥形。这个技巧同时适用于太阳光和局部光场景。

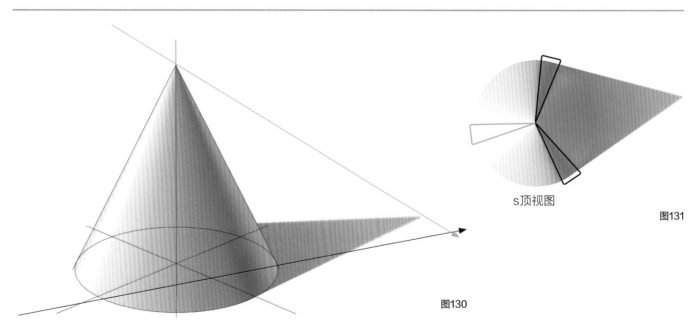

图130

s顶视图

图131

渲染

图130：运用半值技巧为本影和投影赋予明暗关系。无源高光的值会根据光照角度而变化。本次渲染中，被动高光区几乎与光源垂直。因此，用其真值为这个区域渲染。

图131：观察本影和高光是如何向着圆锥体的顶部逐渐变为锥形的。要记住，圆锥体暴露在光下的面要比在阴影下的面多。

组合圆柱体和圆锥体

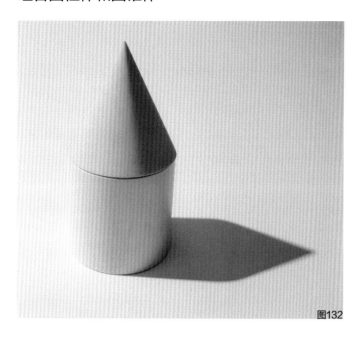

图132

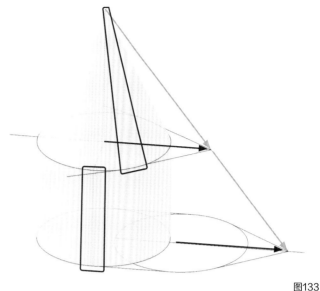

图133

将圆锥体和圆柱体两个几何体结合在一起时，构建其明暗交界线技巧的区别就相当明显了。（图132）圆柱体和圆锥体的明暗交界线互相抵消，因为圆柱体的阴影区比圆锥体的阴影区要大。另外，暗部的反射光对圆柱体的影响比圆锥体的大，因为圆锥体有一个面倾斜离开地平面，地平面是反射光的光源。要结合两种构建技巧，首先找到圆柱体的投影。然后，将圆锥体的顶部投射于地面，完成整个投影。最后，将圆锥体锥顶投射于圆锥体所立的、经过延长的构建平面，用这个投射点来确定圆锥体明暗交界线的位置。（图133）

水平圆锥体的投影

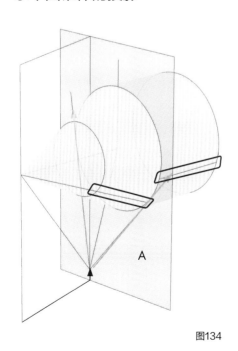

图134

图135

该技巧和直立圆锥体的一样，只不过原来的"地面"变成了一堵"墙面"。要想投射水平圆锥体的阴影，就要在圆锥体底部增加垂直平面（A）。（图134）将圆柱体锥顶投射于此辅助构建平面上。如果锥顶消失，就要延长圆锥体后再构建。最后，从圆锥体投影的顶部画明暗交界线的切线。

正如图135显示的，要意识到，当圆锥体的锥形角度变化时，明暗交界线也发生"跳跃"。

3.11 球体 ◂▬▬

当构建或渲染一个球体时，不断赋予明暗关系是非常重要的，因为球体没有可以表明其方向的面。圆柱体有两个平坦的端面，但是球体在空间上只有一个相对于地面和光向的位置，这样就使明暗交界线、投影之间的关系稍微有些敏感。光向决定了投影、明暗交界线和无源高光都是重合的。

正如构建倾斜的圆柱体的阴影一样，由于要控制所有的外部因素，其构建可能会变得非常复杂。根据实际场景以及个人积累的经验做出有根据的猜测，可能比一步步推敲出全部结构更快得出结果。但是在开始这些猜测之前，必须有信心推敲出整个构建过程以及准确评论一个渲染作品。利用和观察现实世界物体的实际设置会有很大帮助，例如球体、一张纸上的乒乓球。

构建球体

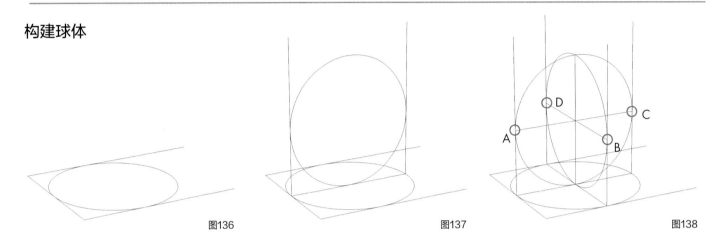

图136　　　　　　　　图137　　　　　　　　图138

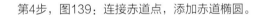

在开始之前，有必要知道如何通过画一个开口的长方形来画透视的球体，然后在其内部放置一个具有正确短轴和角度的椭圆。我们撰写的《产品概念手绘教程》一书第5章中有关于这个技巧的详细介绍。

第1步，图136：画出顶视图下的边界线和椭圆来确定球体在地面上的面积。

第2步，图137：将球体的宽度转移到一个中心平面上，然后构建一个站立的透视椭圆平面，其面积和地面上的椭圆一样。

第3步，图138：在顶视图下，将站立的椭圆旋转90°。自球体中心开始画水平辐射的线，找到赤道（平分）点（A、B、C和D）。

第4步，图139：连接赤道点，添加赤道椭圆。

第5步，图140：画出由以上三个椭圆横截线所确定的球体的轮廓。

这是解决球体构建的一个方法。或者先画出轮廓，然后添加椭圆截面线。无论哪种方法，截面线都是确定完整球体所必需的，可以为阴影构建打下良好的基础。

图139

图140

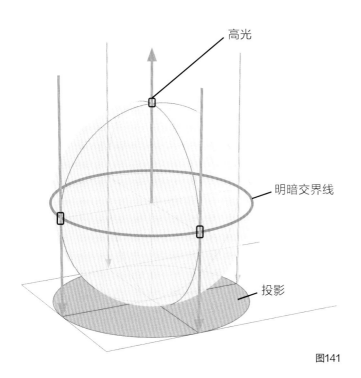

図141

高光

明暗交界线

投影

渲染太阳光下的球体：顶光

构图

图141：如果截面线在初始的透视球体构建中是准确的，那么要投射顶部太阳光场景下的阴影，便是明暗交接线垂直投影到地平面的全部区域。

通过光线与表面的切线找到明暗交界线，它是之前透视结构中的赤道截面线。在太阳光投射顶部情况下，明暗交界线（蓝线）位于球体的赤道位置。

该投影是球体在地平面上的覆盖区、顶视图，是透视构建过程中的第一个椭圆。

高光位于球体最高物理点，截面线在此处相交，其表面与光线最为垂直。

渲染

球体的明暗关系遵循半值规律。被动高光是球体的真值，明暗交界线和投影的值为半值。在图142中，观察反射光和球体接触地面处产生的遮蔽阴影。

图143：将从球体中心指向光源的短轴周围的过渡阴影包围起来是非常重要的（图143）。记住要保持渐变的连贯性和结构的适当渲染。

从地面反射出去的反射光可以形成一个包裹球体明暗交界线的有效本影。

图142

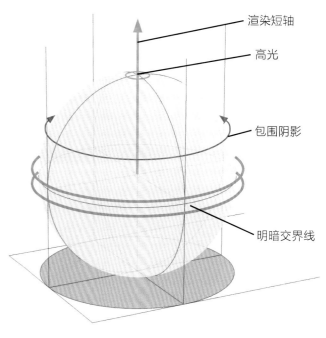

渲染短轴

高光

包围阴影

明暗交界线

图143

渲染太阳光下的球体：侧光

当太阳光来自侧面时，球体的明暗交界线和投影的寻找方法几乎和顶光场景下一样。

构图

第1步，图144：画出与侧面中心相切的两条光线（A和B），该侧面中心与顶视图下的影向线重合。

第2步，图145：再画出另外两条延长到地面并与图中垂直椭圆截面垂直的光线。

第3步，图146：从球体中心向光源方向画一条线，找到被动高光的位置，也是明暗交界线的短轴。

第4步，图147：要画出明暗交界线的椭圆，就要从第1步和第2步中的四个切点画出短轴与光向重合的椭圆。

第5-6步，图148和149：将这四点投影于地面，便于画出投影的形状。要知道，阴影形状在透视下不是圆形，仍然是椭圆形。这就说明，如果用椭圆形尺画一条光滑的曲线，可能会不匹配。必要时，仅仅移动椭圆形尺就可以得到光滑准确的曲线。

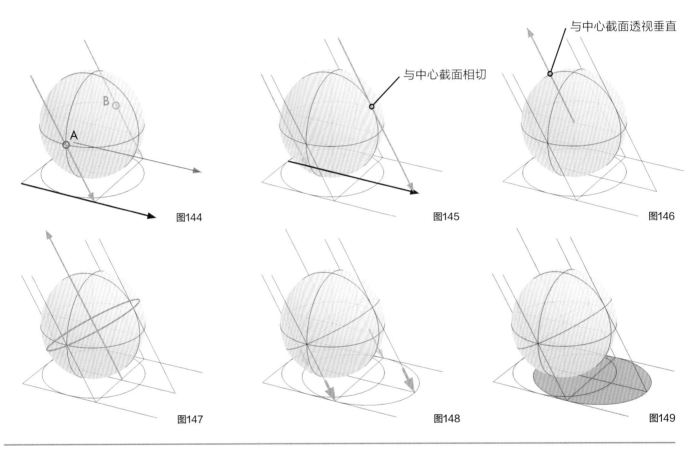

图144 图145 图146

图147 图148 图149

渲染

图150：总体来说，太阳光照射在球体侧面的渲染方法和太阳光照射在球体顶部的渲染方法相似。然而，除明暗交界线的位置变化和投影的形状改变之外，其之间还有一些细微差别。可以看到，明暗交界线在球体的暗部A点稍宽些，但到了B点就几乎消失了。这是因为从地面反射出去的光足够强烈，从而消减了明暗交界线。可以选择根据经验猜测这些明暗关系，而不用画出全部画面。在这种情况下，要确保明暗交界线、反光和投影的相对关系正确的短轴和。如果这三者相对关系正确，那么观察者就会认为它是一个真的球体。

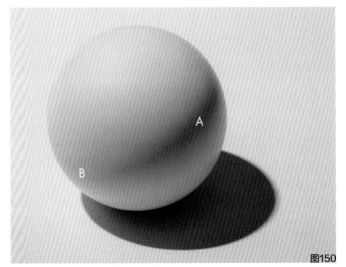

图150

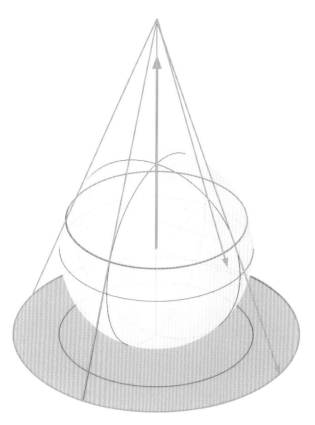

图151

渲染局部光下的球体：顶光

构图

图151：当局部光照射在球体顶部时，其构图方法和太阳光照射在球体顶部时相似。使用和太阳光照射球体顶部一样的构图技巧来找到明暗交界线、被动高光和投影，使用椭圆截面线、切线，找到明暗交界线，就可以构图了。从球体中心到光源的线显示了被动高光的位置，也显示了明暗交界线椭圆和投影的短轴位置，所有都一样。与局部光顶部照射明显的主要不同点在于，与太阳光相比，投影变大，明暗交界线已经远离赤道，移向光源。现在，就像局部光下的圆柱体一样，物体暗部的面积比亮部的大。

渲染

图152：再次运用太阳光照射球体顶部同样的渲染原则，但是要记住以下区别，明暗交界线可能变得更宽，因为其离反射光源、地面的距离更远。投影接收到更少的环境光，比太阳光的投影暗。

我们强烈建议用现实生活中的物体创建一个真实的设置，用来观察和对比太阳光和局部光场景。注意到所有变化因素是如何互相影响的，并在必要时调整物体布置方向和光照，这是进一步提高技巧的非常有用的方法。

图152

渲染局部光下的球体：侧光

构建局部侧光下球体的明暗关系可能需要花费很多时间。在这种情况下，做出有根据的猜测通常更快、更有效。该界面具有挑战性的地方就是正确表现暗面，要求熟悉并有信心表现透视下的椭

圆。我们的第一本书《产品概念手绘教程》第01章详细叙述了这个内容。

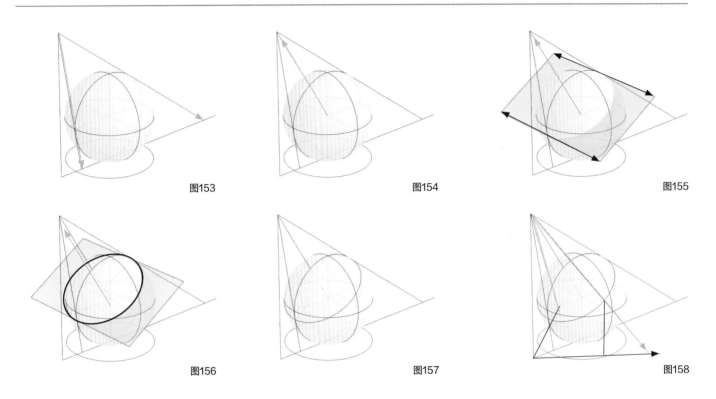

图153　图154　图155

图156　图157　图158

构图

第1步，图153：确定光源位置，使球体截面线和光源位于一条线上，这样截面线就将球体截为了两半。经过球体中截面向地面画出与球体中截面相切的光线。

第2步，图154：从球体中心向光源处画一条线。这条线决定了被动高光的位置，同时也是明暗交界线的短轴。

第3步，图155：要想画出明暗交界线的椭圆，就需要画出决定椭圆角度的短轴和两条边界线。对于这两条边界线，从想象中的光平面垂直的切点或球体的中心截面开始画两条线。最终该平面涂上了绿色阴影。

第4步，图156：用该构图平面放置明暗交界线椭圆。

第5步，图157：为匹配已有的透视限制条件，只有一个可以构建椭圆的方法。可以看到，与之前的局部顶光构图法相比，明暗交界线与光源的距离更近。同样，球体暗部的面积比亮部的大。

第6步，图158：利用几条垂直线段将明暗交界线椭圆投射到地面，构建投影。

第7步，图159：通常，有根据的猜测才会考虑到画面。对于明暗交界线位置进行粗略的猜测通常就可以了，但是也要保证画面中的短轴是正确的。

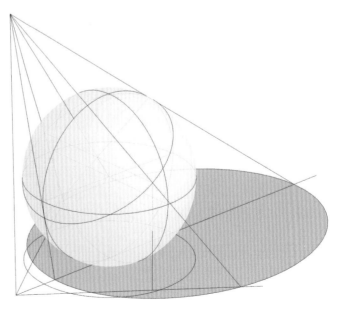

图159

渲染

要想渲染局部侧光下的球体，就要结合太阳光照射球体侧面的渲染技巧和局部顶光下球体的渲染技巧。（图160和图161）要注意平面和球体上投影的衰减效应。观察一下地面是如何变成近似黑色的，投影的明暗结构比半明部要暗。从地面反射出去的反射光稍微越过球体赤道切线。导致面对地面的一半本影消失不见，同时在球体暗部的上半部分出现一个暗的楔形。对比第70页上侧面太阳光下的球体，相反的是其环境中的顶光照亮了球体的该部分。

图160

作者：安奎

图161

3.12 阴影边缘

一个阴影边缘的尖锐程度说明了投射阴影物体的远近。物体距离越远，投影的边缘就越模糊；距离越近，投影的边缘就越尖锐。

图162中可以看到三个重要的距离：

长距-从灯柱顶部到地面

中距-从凳子顶部到地面

短距-从立方体顶部到凳子顶部

仔细观察图163，花点时间思考一下可以观察到投影的哪些内容。首先，灯柱的阴影边缘最模糊，宽度约为4-10厘米。第二，看一下凳子投射在地面上的阴影。其阴影由凳子腿附近的轮廓鲜明变为凳面上的轮廓模糊。第三，观察立方体。阴影边缘都像剃刀一样尖锐。

透视短缩也会使阴影边缘变尖锐。图162中，灯柱的阴影看起来清晰，但是在图163中，阴影非常模糊。

以一个艺术家的眼光构建所观察到的周围事物的阴影，的确可以提高渲染技巧。环顾周围环境，注意到阴影边缘，看一下其是如何变化的。例如，找一个高耸的建筑，沿着其阴影方向逐渐远离它，观察阴影是如何变模糊的，同时也看到窗户沿着建筑物的边投射下清晰的短影。

图162

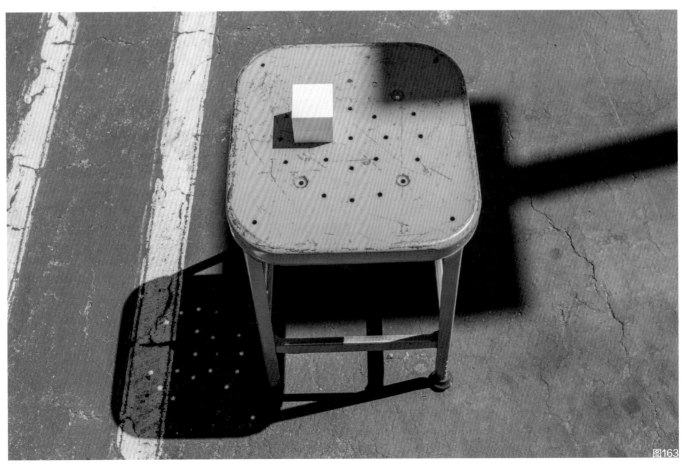

图163

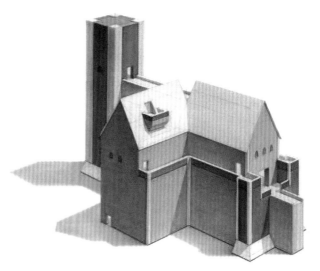

作者：查尔斯·刘

图164

图165

图166

作者：郭恬旭

3.13 背景 👁

背景对一个物体的明暗程度有很大影响。对比图167和168，机器人在白色背景下看起来更暗，在黑暗背景下看起来更亮。调整背景是控制轮廓显示程度的一种方法。在图169中，背景本身具有明暗关系变化，用以强调上面机器人的形状，将腿部轮廓的强度最小化。

观察照片和现实中这些背景的相对暗化和亮化效果。图170中，左侧气球的彩虹条延伸到空中，保持相同程度的明暗，但是彩虹条随着背景变亮开始变暗。调整背景明暗延长物体明暗范围在前方地面上的错觉。

图167

图168

图169

图170

3.14 为何背景如此强大 👁

根据背景明暗的不同，这种错觉可以让一个固定的明暗关系看起来不同，可以令其达到很好的效果。图171显示了在由暗变亮的渐变背景下具有固定灰色值的椭圆形状。背景明暗程度的变化在灰色椭圆上形成了从顶部亮到底部暗的逆向渐变错觉。固定灰色值在右侧色带上更容易看出来。观察一下，随着灰色从白色背景转移到具有渐变的地面，这个灰色是如何变化的。

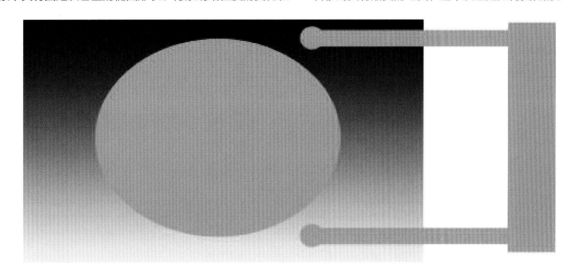

图171

下图172和173运用这种效果控制机器人在哪个区域看起来更亮或更暗。两图皆显示不同背景下相同的渲染效果。在图172中，上面的机器人看起来比图173中的亮。简单来说，要使一个物体看起来更亮，将其放置于一个暗的背景下；要使一个亮的物体看起来更暗，将其放置于亮的背景中。

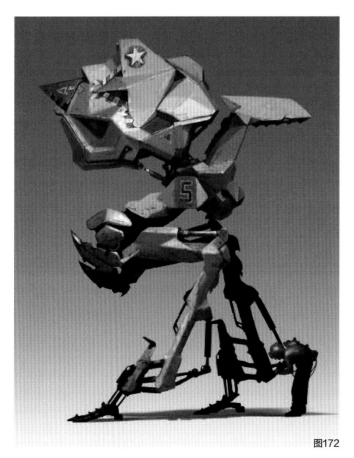

图172

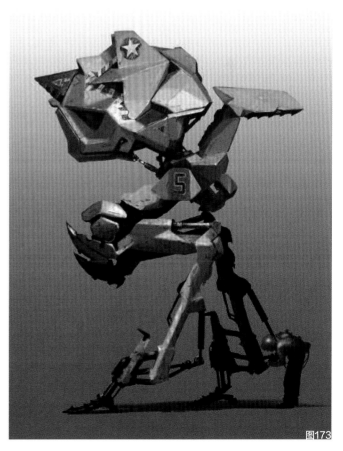

图173

 视频讲解

3.15 对比传统渲染工具与数码软件渲染工具

一台配有昂贵软件包的强大电脑并不能凭借其自身做出真正好的渲染效果。电脑作为一个工具，要求使用者具备知识和技巧。设计师和艺术家必须耐心研究性能并持续练习技巧，直到掌握为止。在一开始时采用传统的工具是非常重要的。传统媒介没有"撤销"这个选项，就需要让图片预先可视化，也加快了决策过程。这些工具没必要单独使用，要学会配合。同时，随着对数码软件工具和传统工具的精通，可以尝试结合两种工具。

图174

3.16 传统渲染工具

选择渲染工具时，有几个重要的事项需要考虑到。首先，想想你擅长哪些工具。大多数艺术家是使用学校的石墨铅笔长大的，所以对石墨铅笔较熟悉，而且石墨铅笔也非常容易得到。这些铅笔在渲染渐变效果时可控性强，容易擦除，这对于基础学习阶段是很有帮助的。最后，擦除可作为一种渲染技巧。

另一个需要考虑的是，如何使用渲染？渲染需要存档吗？未来会有卖的吗？如果这样的话，选择时间长了不会褪色或者模糊的渲染工具。处理"无酸"表面。大多数素描书和插图板表明了其表面是否是无酸的。这就防止其表面由于其他材料的加入而退化。

在Vellum软件上有很多我之前做的投影渲染和经典示范，是用马克笔、彩铅（彩笔）、水粉笔和水溶性粉彩笔制作的。时间久了，马克笔的字迹已经褪色变模糊了，彩铅字迹也已氧化。使用像Krylon牌的固色喷剂可减缓这些过程，但是Vellum软件中的马克笔迹是不能存档的。如果这些介质褪色不能存档，为什么要用它们呢？这是因为Vellum软件接受粉笔和铅笔带来的效果，而且在Vellum软件两边都有渲染技巧用来营造半透明效果，完成的渲染看起来非常美观。

插图是成品，与其不一样的是，设计渲染并不意味着要像艺术品一样卖掉或者供长久欣赏。大多数设计工作的渲染是一种用于传达理念和表明将来物体会是什么样的方法。很多渲染都是技艺高超的艺术品，这个事实是次要的。例如，电影工作室变更地址，需要更大空间，储存于大文件夹中的旧设计渲染通常被扔进垃圾桶。它们已经达到了帮助传达设计师理念的目的，不再需要了。渲染往往不是最终作品，但却是设计过程中不可或缺的一部分。

握笔

掌握了投影和赋予明暗关系的能力后，就应该集中精力控制工具了。握铅笔或马克笔没有绝对正确或错误的方法，最重要的是自己觉得舒服并能自信地按照需要着色。尽管如此，下面展示了两种最常见的握铅笔的方法。当画线或细节时，"握笔式"（图175）是非常有用的。当用于零散地展开一个概念或画人物时，"持棒式"（图176）更好。采用"持棒式"时，为了轻描，使用更多石墨增添平滑的渐变效果，远离笔尖握铅笔才有用。

图175　　　　　　　　　　　　　　图176

石墨铅笔和彩铅

渲染时主要用到两种铅笔。一种是随处可见的石墨铅笔，另一种是彩铅。彩铅可以在艺术用品商店找到。购买黑色彩铅会得到最强烈的阴影对比效果。多买几支，削尖后放在工作间，这样工作就不会被削铅笔所打断。找到可以削出长而尖切口（图178，铅笔A）的电动或手摇削笔器。小的、便宜的手动转笔刀削不出足够长而尖的笔尖（图178，铅笔B）。

石墨铅笔

彩铅

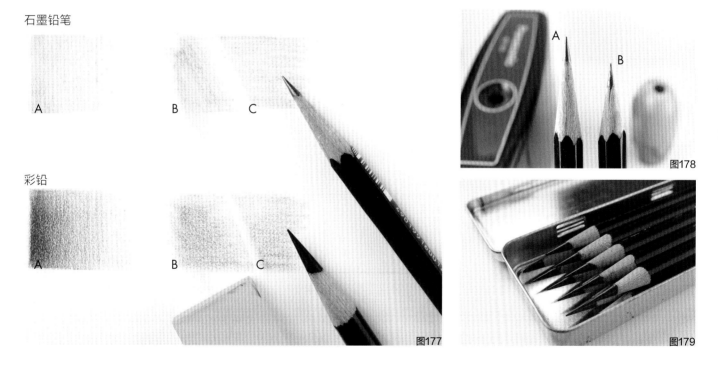

图177

图178

图179

无论使用石墨铅笔还是彩铅，都能达到很好的效果。但是二者在握笔和使用时有些区别，见图177。

A明暗深浅：彩铅比石墨有一个好处，因为彩铅可以渲染出深黑效果。然而，石墨铅笔却不是让纸张变黑，而是将其磨亮。

B模糊：石墨铅笔比彩铅更容易模糊。这在营造明暗渐变效果时非常有用，但是石墨铅笔在其他艺术品上也很容易被蹭掉或被手擦掉。

C擦除：石墨铅笔容易擦除，彩铅则较困难。在使用彩铅时，非常重要的一点是要慢慢赋予明暗关系，因为不容易擦除。用绘图刷扫掉橡皮屑。

彩铅的使用

彩铅在工业设计领域长期受到青睐。彩铅比石墨铅笔黑，也不容易模糊，所以草图也相对干净。当与马克笔结合使用时，一定要先用马克笔渲染，等墨干了之后再用彩铅。否则，马克笔中的酒精会溶解蜡，要盖好马克笔的笔尖。

石墨铅笔的使用+纸

最受欢迎的石墨铅笔的牌子都列在第2页。要找到美观光滑的铅，硬度也适中。石墨容易变模糊，也容易擦除。这个特点既有利又有弊。模糊可以渲染出很多种渐变效果，但是很难保持页面干净。选择正确的纸和选择铅笔一样重要。如果纸太软，擦除时很容易破损。如果太硬，铅笔在其上的显色效果就不太好，很难实现较深的黑。很快变黑的纸可能太粗，显示出不需要的纹理，正如下图铅笔素描一样。尝试找到你最喜爱的铅笔和纸，这个选择完全依赖于个人，没有适合所有人的笔和纸。

图180

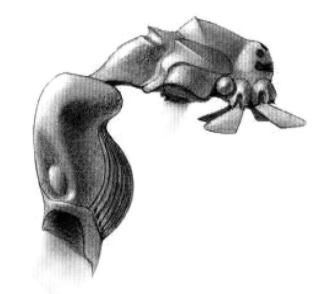

图181

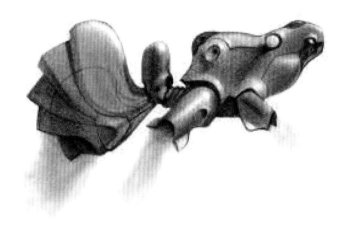

图182

图183

视频讲解

练习

控制握笔最好的练习就是创造出有边缘的渐变。（图184）目标使渐变顺滑，而未出现铅笔笔画的痕迹。停留在边缘内，最好不要擦拭。下一步，将这些技巧应用于渲染几何形状。（图185）

自此，唯一的限制就是想象力了，如下图安勋和杰森·康绘制的作品。（图186）

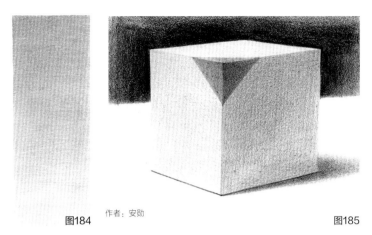

作者：安勋

图184　　　　　　　　　　　　　　　　　　图185

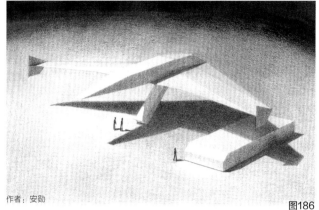

作者：安勋

图186

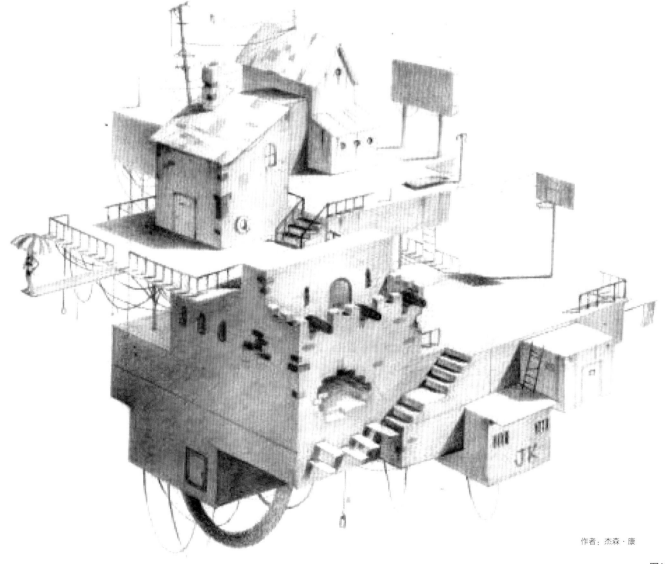

作者：杰森·康

图187

第 3 章 | 渲染几何结构　**081**

3.17 马克笔

马克笔应用广泛，最初发明时作为水彩的快干替代品用于商业美术行业。马克笔不可以存档，但是其用处不在于此。速度是马克笔最大的优点，因为其干得很快，具有永久性。墨的永久性本质意味着以后再使用就困难了，不像铅笔，墨迹不能擦除。同时，用马克笔很难渲染出渐变效果。因此，为了添加渐变效果，水溶性粉笔或彩铅通常用于马克笔之上。（图188-191）

图188

图189

图190

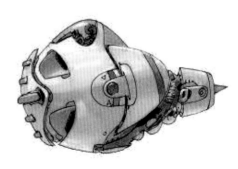

图191

视频讲解

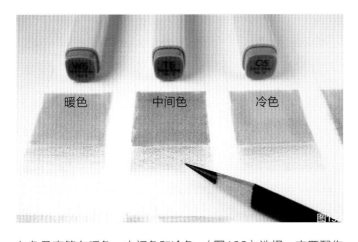

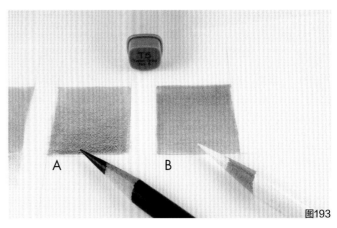

暖色　　　中间色　　　冷色

灰色马克笔有暖色、中间色和冷色。（图192）选择一支匹配你铅笔色彩的灰色马克笔。通常，中间灰色最匹配。可以用马克笔画出渐变，但是需要练习。从画出自然的颜色深浅开始，然后用

铅笔添加渐变。用一支黑铅笔按比例逐渐涂黑（图193，A）或用一支白铅笔提亮（图193，B）。

A　　　　　B

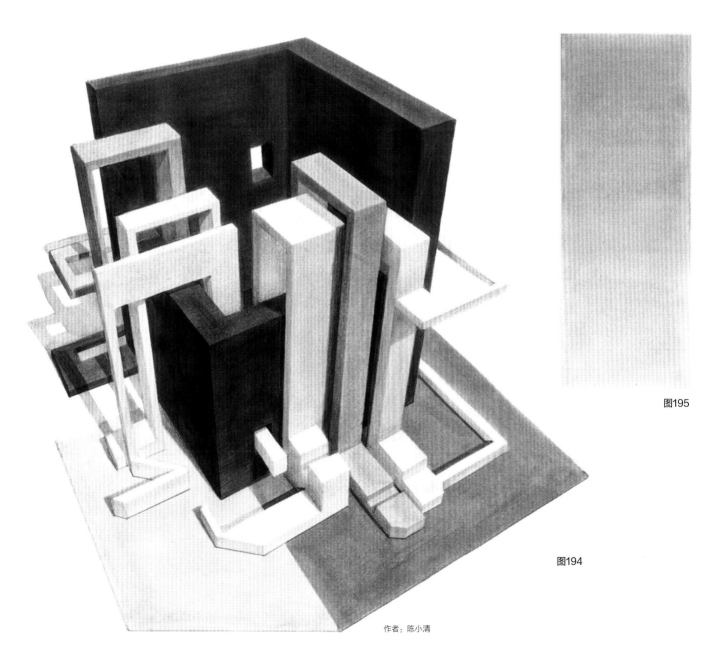

作者：陈小清

图194

图195

3.18 色粉笔

色粉笔可以创造出最光滑的渐变效果和最深的黑色。像其他东西一样，掌握上述技巧需要多加练习。可以使用一支能够研磨或刮成细粉末的色粉笔。霹雳马制造的Nupastel水溶性色粉笔具有这种特性。用刀或者刀尖（A）将色粉笔（B）磨出粉末（C）。要想使上色看起来更加流畅，就要用一个平的、坚硬的工具将色粉笔粉末和滑石粉（D）混合在一起，例如旧的信用卡（E）。最终的混合物（F）阻止色粉笔变得过黑，滑石粉减轻粉彩的颗粒感。用一个软的无绒垫（G）作为作画工具。

Webril手工垫是最好的，可以在艺术用品商店或摄影用品商店找到。要想创造出尖锐的边缘（H），就要使用以纸剪成的面具（J）。复印线条画，从复印件上剪下面具。最后，可塑橡皮（K）是去除色粉笔的最好的工具。为防止产生条痕，轻轻使用橡皮擦；不要在整张纸面上揉擦。（图196）

色粉笔一开始可能有些杂乱，但是值得花时间和精力学习，因为其可以表现出非常微妙、流畅的渐变。（图197）

图196

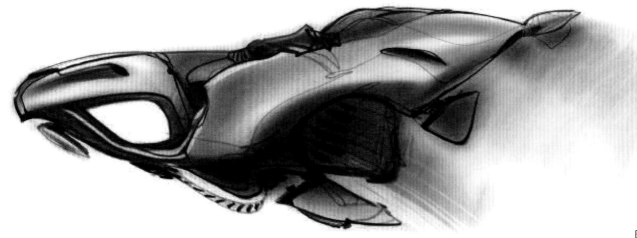

图197

视频讲解

图198

图199

图200

作者：陈小清

3.19 湿介质和其他传统技法

诸如水粉、水彩、丙烯和油漆等湿介质工具都是可以保存的，非常适合创造一类原生艺术作品，但是在商业艺术中不再使用，因为其用起来很硬。（图201）有很多阐述如何掌握这些湿介质工具的书。本书中所有关于光、影和反射的基本原理都适用于这些更适合保存的湿介质工具。斯科特和托马斯仅在渲染高光或背景时才使用湿介质工具。斯科特使用湿介质工具将在下一页介绍。

图201

3.20 混合介质

至此应该明白一点，每一种传统工具都有利有弊。利用所有工具获得最好效果的方法就是正确搭配使用这些工具。用铅笔画出诸如切线等细节，用粉笔或铅笔画出渐变，用水粉画出透明感，用马克笔达到更快速、持久的效果。本页中的三幅素描画混合使用了不同介质，呈现出不同的效果。

图202：该飞机取自系列书籍第一本书《产品概念手绘教程》，是用马克笔画出的素描图。斯科特创作此渲染图是为了测试该书里的纸张能否用于其目前开发的素描画本。线条画是使用百乐HI-TEC笔画出来的，飞机的明暗关系大部分使用COPIC马克笔，高光和蓝色背景使用了水粉。

图203：该素描图使用了同样的基础技巧，不同的是其纸张是康颂淡色纸，笔是圆珠笔。使用圆珠笔和COPIC马克笔时要小心，因为马克笔会把圆珠笔的墨水变成紫色。为防止出现这种情况，先尽量使用马克笔，然后再添加线条。

图204：该机动船素描是在素描Vellum软件上画的，大部分使用了Nupastel水溶性黑粉笔、黑白和彩色铅笔，使用黑马克笔画黑色线条，使用白水粉画出前甲板上的高光使用和线条。

3.21 掌握基本原理的重要性

练习，练习，再练习。慢下来真正地投入时间学习渲染的基本原理，所有介质的使用都会更容易。这包括数码软件渲染工具，像Foundry公司的MODO三维建模软件、Autodesk的Sketchbook Pro专业版，以及Adobe的Photoshop。

有时候，学生担心严格的数学体系会在一定程度上限制他们的创造力，将关注点放在提高他们渲染光、影和反射的基础技能上。这个困惑或许来自大家对下面两个概念的误解：一是学习大脑如何翻译我们周围世界的可视事物，二是学习更多基于物理和科学，而不是基于精湛的渲染技巧。他们认为会在一定程度上压制自己的创造力，最终所有的作品看起来都是一样的。但是事实恰恰相反，掌握了基础原理的学生正是靠着其清晰传达设计理念的能力才变得更强大。

物理现象就是物理现象，无法逃避。有创意的艺术家和设计师选择应用物理知识。这也就是为什么出现了"艺术创意"这个术语。当一位艺术家或设计师为实现某种风格而弯曲或将物理规律抽象化时才会这样。这种现象在斯科特的作品中以及他所钦佩的人的作品中随处可见。但并不是说他们不知道如何把物体渲染得更逼真。但是为了追求更能实现自己目标的风格，他们选择改变渲染的风格。最好的情况是拥有坚实的基础技巧，在这个基础上再添加一定的风格。而不是因为未花费适量时间去学习单纯的渲染技巧，就必须总将投影或物体构建虚拟化。在掌握了基础原理之后，将摄影或3D数码软件渲染融合在一起就变得相当容易了。如果没有这些知识，制作出有创意的图像就会变得非常有限了。（图205和图206）

图205

图206

3.22 数码软件渲染程序

关于数码软件渲染软件。有了这些软件，传统工具渲染是不是就过时了呢？是，也不全是。像工业设计渲染等商业目的的渲染，数码软件程序确实已经取代了彩色马克笔和混合工具，就像当初马克笔取代了水彩一样。数码软件渲染工具比传统工具更方便，图片修改也没有那么麻烦。但是，在精美的艺术世界里，独一无二的原版艺术作品的价值尚未被数码软件艺术品超越。人们还是更倾向于拥有一个原版的艺术品，而不是复印的数码软件艺术品。

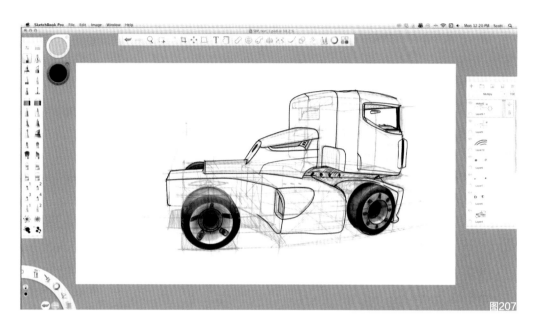

图207

无论是利用数码软件工具还是传统工具，光、影和反射的基本原理不变。深入学习任意数码软件程序很容易占据这本书的全部篇幅，所以在这里不会教授如何使用某种程序。这里覆盖的是数码软件渲染的高级概念。

图208

若欲获得更多关于2D或3D程序的深入培训，请从诸如Gnomon Workshop或Schoolism之类的网校查找教程。随着使用数码软件工具能力的提升，渲染就会变得更加容易了。要耐心，掌握任何新的工具都需要时间。

3.23 为照片匹配明暗程度

要想将一张照片和传统渲染融合起来，可以结合所有的技能和技巧来达到可信、令人满意的结果，正如托马斯的学生陈小清在两页图片中所展示的一样。

匹配视觉

图209：拍摄一个物体，本例中是一个充电插头，作为视觉、光向、角度的一个占位符而嵌入，与之匹配。

匹配数值

图210：当用马克笔渲染时，非常重要的一点是要记住背景的明暗程度。本图中所有物体和平面一起产生，运用之前已经介绍过的构图技巧。

融合照片和渲染

图211：为增强真实感，创造可信的融合体，为马克笔渲染应用和照片一样的镜头模糊效果。在这种情况下，该作品使用Photoshop软件。其他任意具有层次感和模糊感的软件都可以。

图209

图210

图211

图212

作者：陈小清

第4章　渲染复杂结构

这里是出现真正魔法的地方。截止到目前学的所有课程内容都会应用到更为复杂的立体上，而不是应用到上一章所学的几何体中。当渲染这些更为复杂的由X、Y、Z三部分组成的立体时，将每个部分想象成为一个简单的曲面板，这样很容易就知道每个阴影区域的归属，之后的重点就是将其混合在一起。

无论所选的媒介是什么，当所有的阴影关系都正确时，所有的面开始栩栩如生，该渲染过程也变得非常有意思。渲染这些就像雕刻石膏一样。对阴影关系进行简单、经过计算的调整，这些表面可以随意弯曲、扭转和凸起。尽管仍然将立体渲染为灰阶亚光面，立体所传达的内容是无限的。

尽管大家可能会觉得怎么这么快就跳到颜色和反射的渲染了，但是在单色调色板上娴熟地渲染复杂立体是极为重要的。掌握了本章的知识内容，就有能力清晰地传达任何可以想象到的立体了。

4.1 渲染简单曲面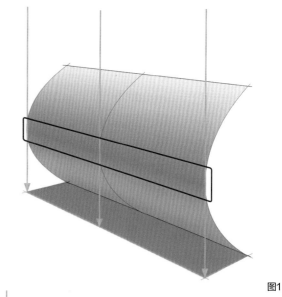

简单曲面向一个方向弯曲，就像钣金或弯向一侧的一张纸。这些曲面组成了称为"X-Y-Z立体或结构"的复合面。

图1：找到简单曲面关键渲染元素的最好方法就是首先将其想象成圆柱体的一部分。

图2：要知道这些面不是直线变化的，而是减速和加速变化的。随着面展平或弯曲，渐变也随之更慢或更快变化。

图3：在渲染中要创造连贯性，创造出通过为不同的表面赋予相同深浅的明暗来传递表面形体变化的方法，这些表面的方向与光线方向相同。

图4：要确定形状在其自身上投影的位置，就要在光平面的方向上创建一个截面。用这个截面在光平面截面线上投射明暗交界线和边缘，看是否有相交的地方（A）。

一定要把从地平面反射出去的反射光考虑进来，另外还有从形体本身反射出去的光。处于阴影下和相对反射光向下的面实际上要比那些在同一个投影下面向上的面要亮。

图2-图4由查尔斯·刘所作。

图1

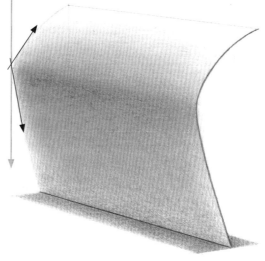

图2

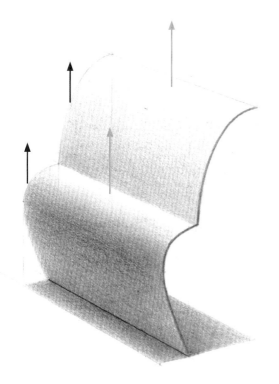

图3

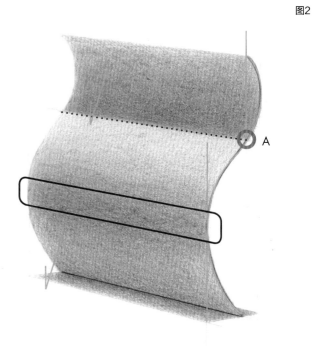

图4

构建X-Y-Z立体截面

要计算复杂复合面的明暗程度并投射其阴影，首先定义透视形状是关键。这就要求有信心在三个坐标轴（或三维）上画出形体/体积，这三个坐标轴分别命名为X、Y和Z。以这种形式创建的形体称为X-Y-Z体积或形状。关于这些形体的构建在我们的第一本书《产品概念手绘教程》第06章里有详细的讲解。

图5：画拱形突出部分的X-Y-Z形体时，所遵循的规律与画水平圆柱体构建明暗交界线、投影和暗部相同。鉴于该形状是有着

两个端平面的直线拉伸形状，所以只需要一个点就可以找到明暗交界线和无源高光。其与突出的方向是平行的。但是，这个规律不适用于复合的X-Y-Z形状。

图6：无源高光的位置无法通过从形状的中心画一条线找到，因为形体没有圆柱体那样完美的圆形横截面。要想找无源高光，就要画一条透视角度垂直于光线方向的线，该光线方向与光平面的相交面所形成的横截面相切。

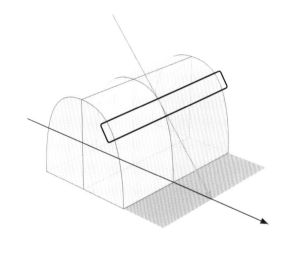

图5

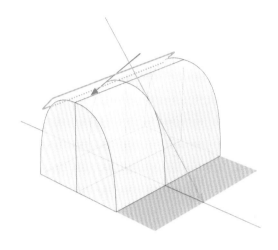

图6

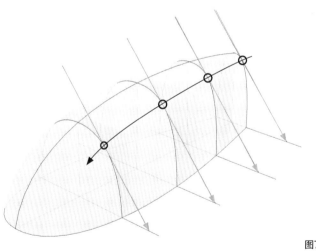

图7

构建X-Y-Z立体最好的方法就是画出截面，因为这样就可以解决整个形状太为复杂所带来的问题。

图7：要想构建一个复合X-Y-Z立体的明暗交界线，需要画出多个截面。画出足够的截面，在地平面上投射尽量多的点，这样就可以在地面上画出投影。要记住，像这样一个表面光滑的形体在渲染时，高光和暗部在表面上也会光滑、流畅。

图8：当准备渲染X-Y-Z立体时，记住整个面在所有方向上都改变形状。将精力集中于关键点，因为构建出表面上的每个点是不实际的。考虑到绿色长线上和橙色截面短线上的数值改变。渲染好后，仅带着明暗过渡，连接已知区域之间的剩余表面区域就可以了。下一页是可以参考的例子。

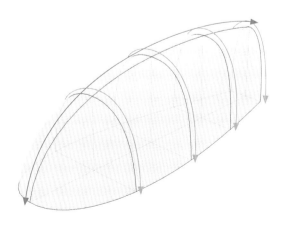

图8

X-Y-Z立体：太阳光直射顶部

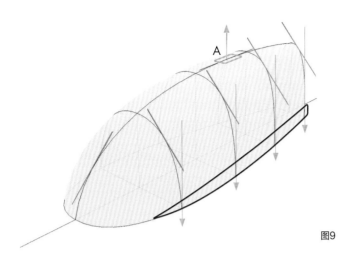

图9

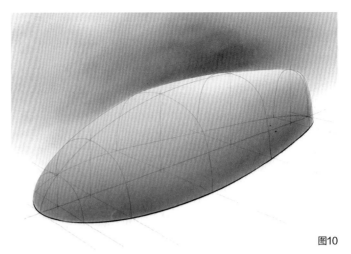

图10

图9：当太阳光直射X-Y-Z立体顶部时，本影可能消失在地面上，只显示部分或者完全不显示。想象地平面表面下形状的连续性，画出正确的切线。高光位于形状顶部和地平面平行的地方。该点可以通过画出与中心线相切的透视线来找到，该中心线也与地面（A）平行。画45°或任意透视角度与截面线成常数角的切线（此处为绿色线），以便找到表面上共同明暗区域。

图10：图中粉笔渲染展示了这些构建概念的应用。但是，可以观察到，没有可视的光线线条。熟练掌握顶光的概念后，就不再需要这些线条了。对顶光概念的熟悉有助于对明暗变化进行有经验的猜测。

X-Y-Z立体：太阳光照射侧面

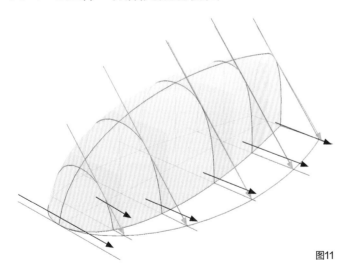

图11

图12

图11：太阳光从侧面照射过来，利用已有的截面线找到明暗交界线和投影。平坦的端平面不需要构建，因为其阴影只是一条直线。前面的投影始于影向与地面覆盖区相切的地方，或者形体与地平面相交的地方。

图12：注意到本渲染中阴影宽度根据截面线的曲率而变化。影响该形状暗部的反射光帮助构建阴影。要注意本例中无源高光是

看不见的，但是必须在构建渐变效果时考虑进来。

太阳光来自侧面是比较受欢迎的一种光照情况，因为构建阴影和投影不需要再额外画截面线，可以提供稳固的1-2-3显示效果，只需要付出最小的努力。另外，如果被渲染的物体有开口和切线，侧面太阳光提供了从这些叠加面投射到其自身上阴影的绝好机会。

X-Y-Z立体：斜阳光

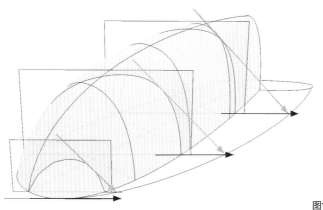

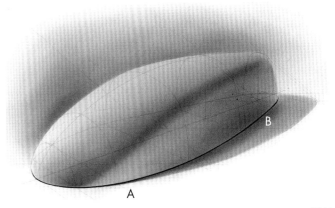

图13

图14

图13：渲染斜阳光下的X-Y-Z立体，需要利用光平面构建额外的横截面，因为不像侧光例子中一样，已有的透视构建截面并未和光/影向匹配。利用这些新的截面来确定明暗交界线和投影。

图14：渲染此形状，要考虑到可能不拥有物体本体颜色的可视区域，因为没有一个表面与光线垂直。最简单的是将该形状看成"伸展"的球体的一部分，在此基础上推断出高光的位置。想得到阴影，增加投影短处（A）暗部的反射光，其并未阻挡光照射到形体旁边的地面上，与投影长的地方不同，阻止反射光到达形体的下半部分（B）。

X-Y-Z立体：局部光

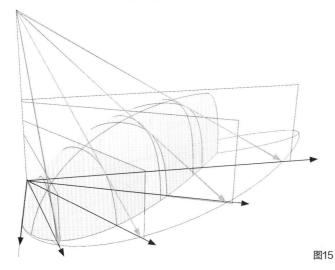

图15

图16

图15：渲染局部光下的X-Y-Z立体需要多个光平面截面切口，就像斜阳光一样。要记住，在局部光下，光平面从光源发散出去，而不是与光源平行。这就使阴影和明暗交界线的位置更难猜测。因此，对于局部光的情况，完整的构建和实际的设置通常是最好用的方法。

图16：当渲染局部光照射X-Y-Z立体时，考虑该表面相对于光源的方向。可以观察到，地面和物体都受到光衰减的影响。

4.2 X-Y-Z立体：设计渲染

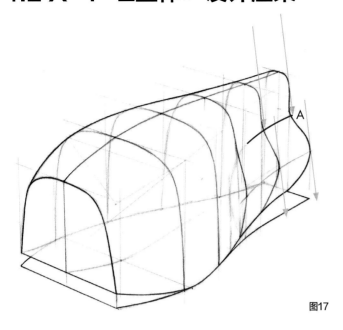

图17

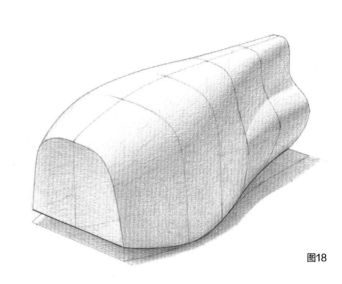

图18

在渲染之前，构建出清晰正确的X-Y-Z立体的线条画是绝对关键的。复印几份该线条画很有帮助，可以作为渲染出错时和想创建替代光照情况下寻求帮助的基础。

将焦点放在设计上时，寻找机会加强被渲染物体的立体感。例如，在图17和图18中，光线方向使得在立体后部的形状变化上投下阴影（A）。

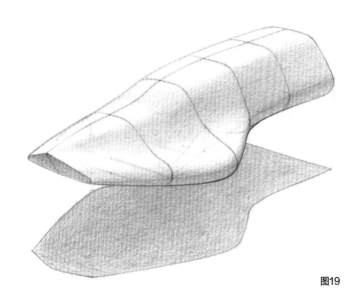

图19

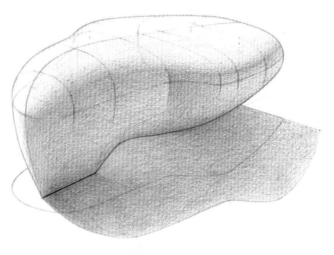

图20

图19：太阳光照射顶部通常是默认的好的光照条件，因为观察者很容易理解，对额外透视构建要求最少。这个方法可以极大地提高渲染的速度。

图20：当渲染一个几乎全部位于阴影下的物体时，要记得在暗部内包含一些反射光。该反射光提供的明暗变化可以传达该物体表面的形状，包括阴影内的。

图21和图22：所有这些基础光照和渲染原则在处理复杂的形体时仍然适用。在渲染时，记得为和光源方向一致的表面赋予相似程度的明暗。

这两页的插图皆由查尔斯·刘所作。

学生作品实例

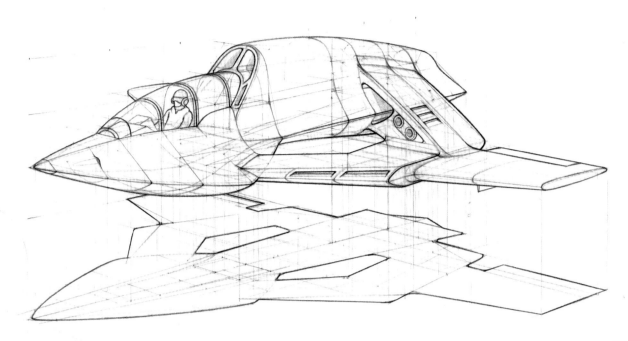

图21

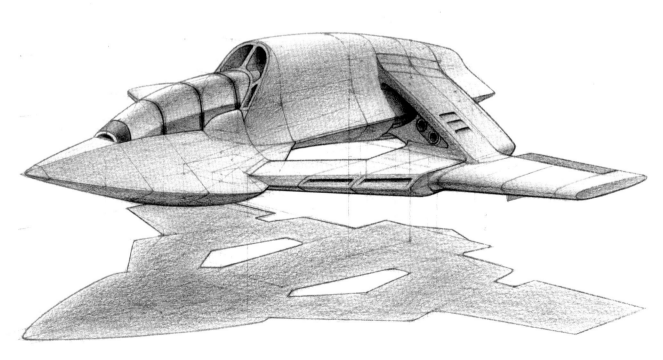

图22

4.3 渲染工作流程

创建、理解自己的工作流程是一个重要的优势。不断试验并微调，找到最能保持创意的合理方法，并以一种有意义、舒适的方式制作。可以通过掌握最喜欢的渲染工具或发现最适合某种效果的纸张来找到。

例如，下面是迅速渲染X-Y-Z立体的一种可选的工作流程。

图23：首先，粗略画出暗部和阴影。然后确定关键区域，列出明暗关系。这是能更好地理解这些区域如何互相影响、如何在线条不可见时最好地展示出有明暗关系的形体的一种方法。

图24：渲染主要形状和基础的明暗变化，同时增添背景。在这里，正确渲染普通的X-Y-Z立体是很重要的。在这里添加细节可以防止形成强烈的1-2-3显示效果。

图25：最后，填充不同的明暗渐变和其他设计细节。已经对主要形状制进行了着色渲染，现在细节提升了渲染的质量和真实感，因为细节已经嵌入到利于分辨的明暗结构中。

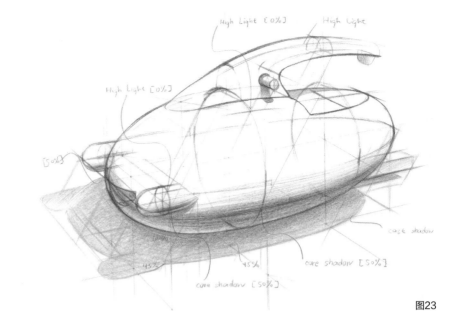

图23

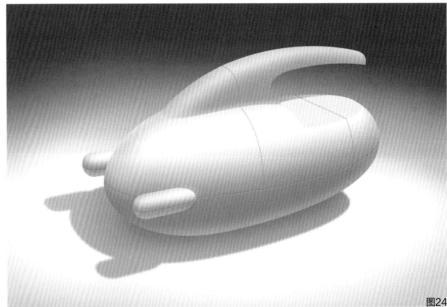

图24

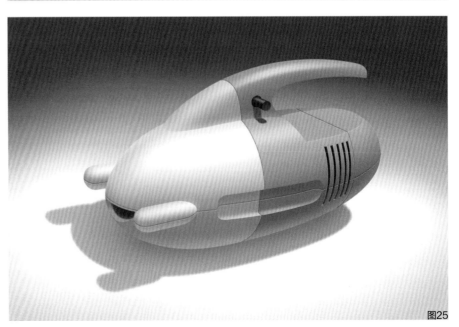

图25

作者：肖宝琦（Baoqi Xiao）

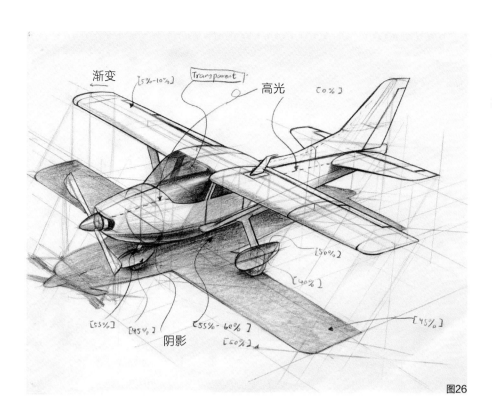

渐变 [5%-10%] Transparent 高光 [0%]

高光

[50%]

[40%]

[55%] [45%] [55%-60%] [45%]

阴影 [60%]

图26

学生作品实例

随着经验和自信心的增加，从概念到实现渲染的逻辑能力也会增加。观察并细化自己的过程是需要思考和掌握的一项重要技能。

作者：肖宝琦

图27

4.4 数码软件渲染X-Y-Z立体

让我们根据《产品概念手绘教程》（P82-83页）用Photoshop来渲染该容积的形体。当一个形体有由线条描绘出来的截面信息时（图28），渲染变得既容易又困难。容易的是知道了表面的

形状应该是什么样的，困难的是为线框图的截面赋合适的明暗关系，这让作假更加困难。如果该形体没有截面线信息，尝试添加一些明暗来定义表面，然后添加截面线。

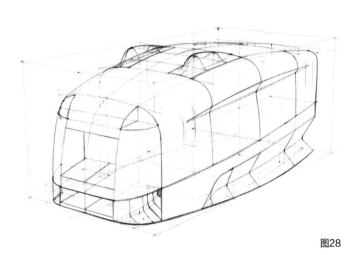
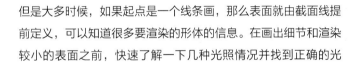
图28

图29

但是大多时候，如果起点是一个线条画，那么表面就由截面线提前定义，可以知道很多要渲染的形体的信息。在画出细节和渲染较小的表面之前，快速了解一下几种光照情况并找到正确的光

照方向和渲染方法。图29展示了位于物体上方柔和光照的明暗猜测方法，较弱的次级光就放置于左侧边框外，帮助照亮边缘轮廓。

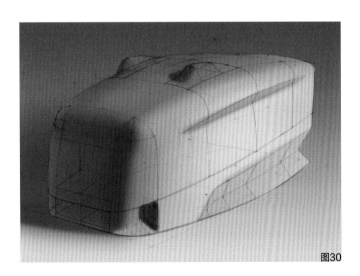
图30

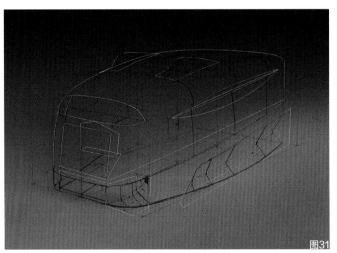
图31

在确定这样做是否有效之前，尝试设置另一种光照。图30展示了柔和光源的明暗猜测方法，该光源置于物体周边、稍微靠后，角度稍低。这种情况比图29中的1-2-3显示效果更加强烈，但是由于阴影，前面的很多细节都丢失了，这样就将形体变化最小化为第1面。尽管图30在前面角落都有强烈的3D幻觉，这个练习会由于其侧面和前面的强烈形状改变而在图29的渲染中继续。

当为任何表面设计光照策略时，几乎总存在此升彼降的矛盾关系。清楚要传达的最重要的是什么，就可以做出正确的选择。如果目标是让物体看起来非常逼真，那么就去掉某些点的线条。可以通过在Photoshop中设置路径，在每个设计元素周围创建非常干净的边缘。在图31中，每条描述形体特点的路径被放置于单独的一层，保存这些形状的边缘。

▶ 视频讲解

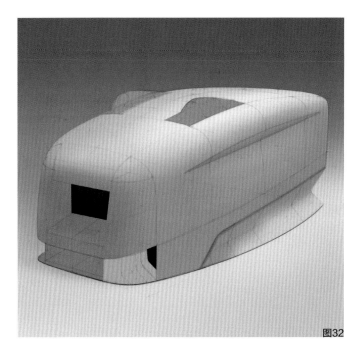

图32

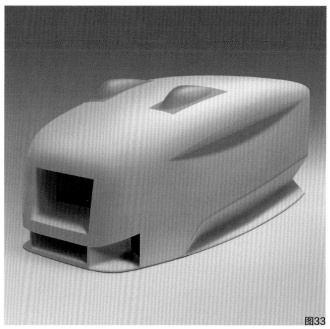

图33

层通过路径搭建起来后，就是该渲染的时候了。将线条设置为在其他层上面的"多层"（图32），所以截面线就可以作为参考，在形状改变的地方，肯定明暗变化。添加一些明显的投影（图33），让形体的雕刻截面更加明显。然后关掉线条（图34），

添加一些切线和次级光源帮助定义轮廓。要记住，当渲染出物体的逼真效果时，此升彼降的矛盾关系体现在光照方面，表现出的效果可能不是最理想的。这时，我们可以应用艺术知识来加强明暗变化，但可能会牺牲真实感。

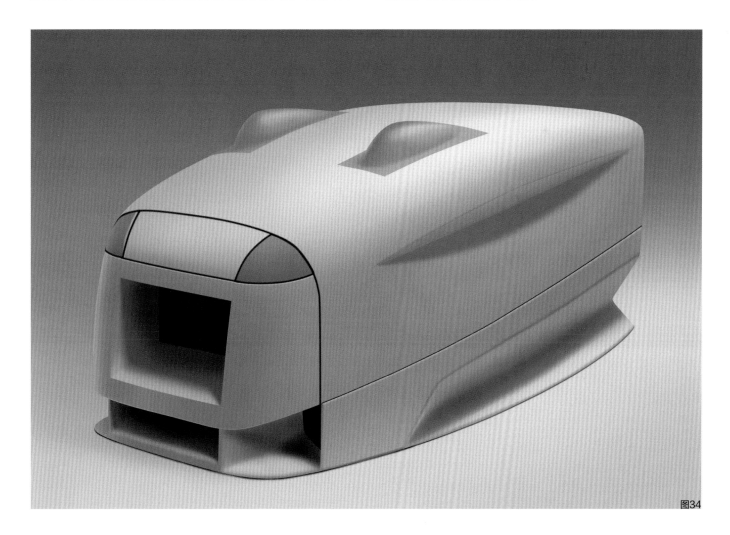

图34

4.5 切线 👁

在之前的渲染展示中，最后添加的切线使我们大脑更容易理解形状，因为这些切线就像原版画中截面线的作用一样。它们也有助于强化光源的方向，为被加工的多面板物体添加了真实感。因此，切线也称为"面板线""分段线"或"封闭线"。分段线可以被认为是两个边缘。光照射这些边缘的方式非常重要。现在让我们详细看一下下面的图片。

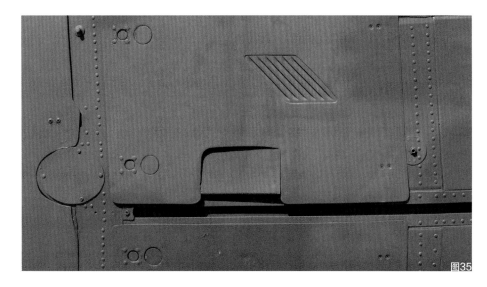

图35

图36

图35是一架直升机的侧面。投影表明光源来自上方偏左一点的位置。看到小螺丝从表面凸出来的时候最明显。

在图36中，注意圆形分段线是如何接受光照的。高光随着分段线的方向发生衰退。为渲染添加衰退高光会让其看起来更加真实。高光最亮的点就位于光和分线段（A）呈90°的地方。如果光来自上方，如图37，它将照亮分段线的下边缘，上边缘形成阴影（B）。将高光置于合适的边缘是非常重要的，这也是最容易犯错的部分。

当分段线从物体的亮部覆盖到暗部时，边缘高光完全消退。这里有一个例外，就是如果有一个使另外的高光在不同方向消退的强烈反射光源，它就不会像主光渲染的一样明亮。

图37

4.6 图案 👁

物体表面的图案可能会呈现很多种挑战和机遇。印刷像黄色数码14（图38）一样的广告图案，首先要有娴熟的透视绘画技巧，然后还要有能力渲染出不同颜色本体明暗适当的深浅变化。图39中条纹其实起到了两条截面线的作用，帮助展示汽车从头到尾的形状，然而野鸡（图40）身上的图形几乎掩盖了其形状本身。当为像蝴蝶（图41）之类的对象绘制插图时，花时间设计好图形的图案是非常重要的，因为它是观察者首先会注意到的元素。

Ornithoptera croesus
Indonesia

4.7 纹理 👁

纹理是指一个表面的物理粗糙程度。纹理由明暗变化显示出来，其明显程度取决于该表面的反光程度。如果一个物体表面反光，就像图42中方向盘的细节一样，那么在光源从其表面强烈反射出去的地方，该纹理变得最明显，从而增强对比。如果一个物体表面是亚光面（图43），那么纹理在第2面最明显，在圆面上位于暗部前。在图44中，蜥蜴的纹理在第2面最明显，就在暗部上方，不在其头顶暗部或最亮的地方。

图42

图43

图44

4.8 细节和纹理渐变 👁

纹理渐变是与较远处的物体相比，近处物体表面上可以看到的细节数量，提供了一种深度洞察的感觉。图45显示物体群距离越远，越显得平坦。前景中石头的细节和明暗对比更加明显，然而远处的石头和人几乎成了一个平面的轮廓，只有很模糊的明暗对比。在渲染时，要记住前景元素显示最多的细节。直线和大气透视让远处的纹理显得更加平坦。（图46和图47）

图45

图46

图47

4.9 打印+练习 ✏️

以下几张X–Y–Z立体的线条画发表于斯科特个人网站上。（图48~图51）渲染别人的素描是比较好的练习方式，因为不是自己画的，渲染时就强迫你多做些截面的思考。尝试不同光照，学会如何排列形状的一部分和另一部分焦点的优先级。添加图案和分段线。享受其中的乐趣，它们就像发光的小拼图。

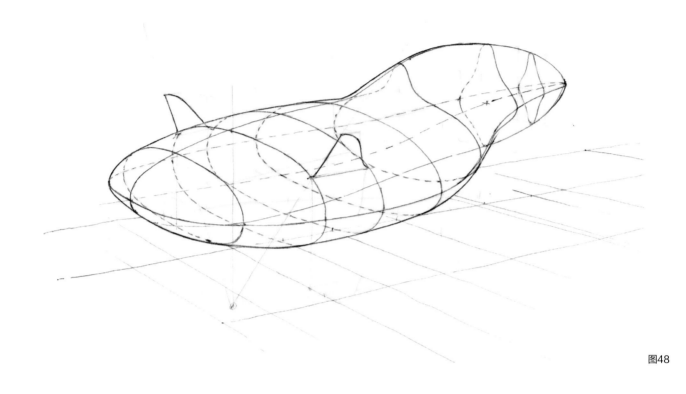

图48

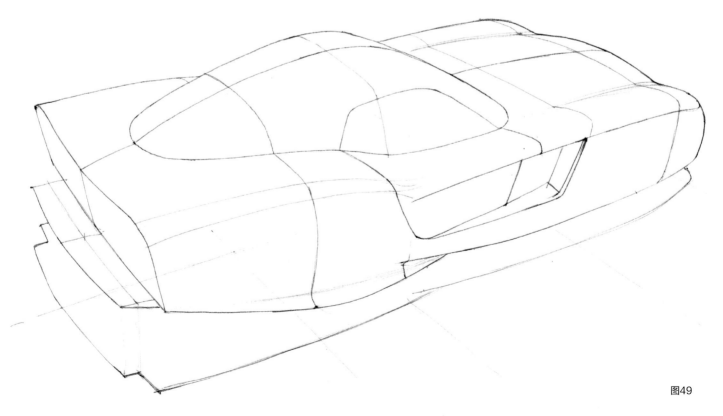

图49

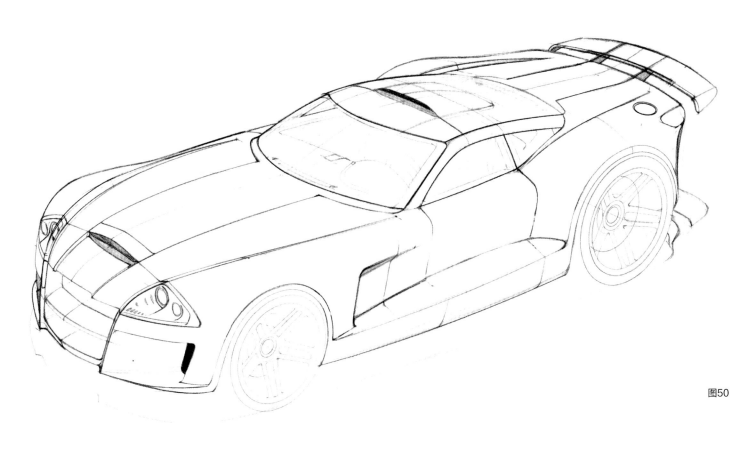

图50

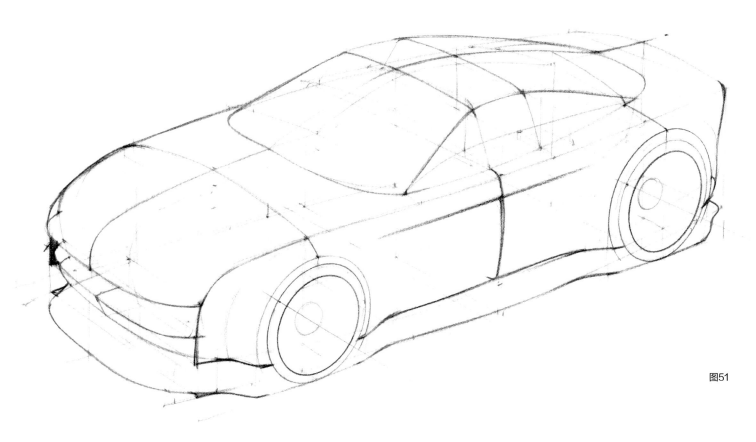

图51

图52

图53

 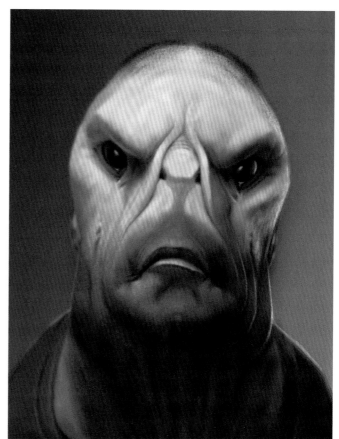

第5章 渲染具体的物体

在解释了这么多有关如何渲染几何结构、简单曲面和复杂形状的内容之后，让我们将所有的知识应用在本章中，渲染一些具体的物体。需要记住的最重要的事情就是，在渲染具体物体时，无论是什么物体，它都是由明暗变化的表面组成的立体，大脑将这些明暗变化理解成形状变化。

前面几章已经完整解释了光、影和亚光面的明暗渲染。剩下的就是练习了。在进行本书剩余部分有关颜色和反射的学习之前，将这些知识应用于你利用想象力所设计的物体。那么现在让我们一起尝试应用前四章所学的基本原理进行渲染吧。

5.1 汽车光照策略

就像第102页演示的一样，在对渲染物体投入大量时间之前，快速尝试不同光照方式是个好主意。这可以帮助你决定呈现物体的特点、怎样看起来更好看。记住，光是可以控制的，不是自然产生的。学会像设计并呈现光的摄影师一样思考是非常有用的。其实，当对诸如车或人等具体物体进行多次渲染时，需要买一本关于如何拍摄该物体的书。

图1和图2展示了照射同一辆汽车的两种可行方法。图2光照来自上方，图1来自侧面。在快速研究了光照位置之后使用柔和光照，这样就可以根据经验对阴影的设计进行推测了。选择光照策略后，为最后的渲染细化阴影的边缘。

图1

图2

图3

图3是视频教程上的一个物体，该视频教程深入讲解了如何在Photoshop中设置层、如何实现干净边缘，以及如何组织层以实现更多对渲染过程的控制。适应不用画线条就将所有元素都堆积在一起的设计传递理念只需要很短的时间。因为现实世界中，物体的周围没有线，被渲染的、没有轮廓的物体立即显得更加真实。

▶ 视频讲解

5.2 构建具体结构的一般方法

构建结构时，先从最大的形体入手。
对于这辆汽车来说，早期渲染时集中
花时间在调整整体比例和光照上。

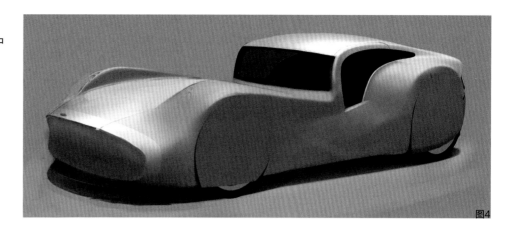

图4

下一步，在定义挡风玻璃底部之前，
定义车头灯、车轮和一些较小的形
状。在进行此类渲染时，车表面开始
有了黏土的感觉，可以利用明暗变化
来发现新的形状。在数码软件程序中
操作时，仅在上面添加一个新的层，
改变明暗关系，观察新形状是如何形
成的。

图5

这一步，添加剩余的进气孔和排气
孔。明暗数值在引擎盖部分做出了调
整，改变了喷漆表面的局部明暗，形
成条纹。在车顶部和前部的亮点开始
呈现出金属的模样。该材料变化将在
第198页详细解释。

图6

这里增加了一个新的层，再次渲染汽
车，用于探索侧面车身和引擎盖新设
计方向。这是一种寻找风格的有用技
巧。添加一个层研究一下，然后再一
个一个添加，直到发挥作用。这是灰
阶的，没有彩色。在引入彩色之前，
建议将注意力只放在明暗变化，这样
才能有利于形状的塑造。

图7

5.3 汽车渲染步骤

让我们了解一下渲染亚光面汽车的步骤。这个汽车是《产品概念手绘教程》一书里的绘图示范。查看链接里的视频教程，观察结构的这些发现是如何实现的。

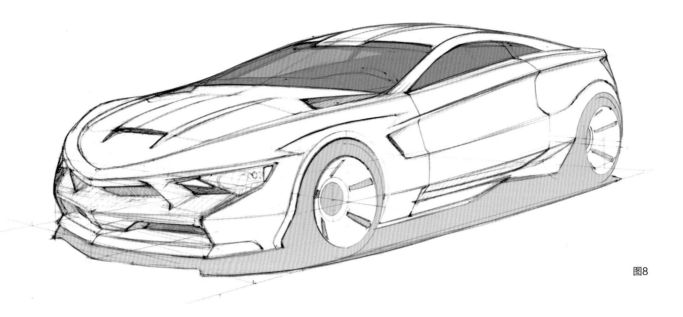

图8

目的是表现出紧凑的渲染效果，最后看不到线条。创建线条（图8）之后，将其扫描到Photoshop中，用路径重新描画（图9）。如有需要，重画路径是调整设计的机会。将所有路径放置于一层，并在分层之前将其排序。思考一下哪个面应该在哪

层，然后在层叠管理器中稍微叠加这些层的边缘。这些层的边缘不能叠加，否则背景就可能完全展示出来了。为每个不同的材料画出路径是基础的分层方法，如车身、轮胎、车轮、玻璃、车头灯还有像引擎盖进气口一样的小形体。

图9

视频讲解

图10

画出所有的层,并为每层填充100%不透明度,建立起轮廓之后,在找到方向之前再次试验不同的光照条件。图10中尝试了强烈的侧光,使得车和地面的关系有些难以理解,因为低处光源将投影投射于车下方。从积极的一面来看,这确实强调了车前部角落处车头灯/进气孔形状的缺口。同样,这完全是光照设计的权衡和妥协,这也是为什么选择这种透视图的原图。

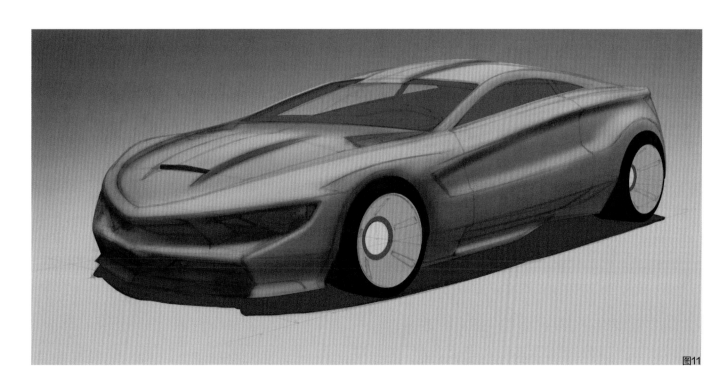

图11

图11展示了尝试快速、粗略地将柔和的光源置于高角度,这样从顶面到侧面夸大形状改变,使车侧边的雕刻效果更加明显。如果光位于车的正上方,车轮大部分会陷入阴影中。从画面优劣的视觉效果来看,投影确实固定了汽车,令地面更清晰,更容易理解汽车的位置。对比每个侧面时,这就更加重要了,所以选择了这一光照条件。

图12

下一步开始让截面来定义表面的明暗程度（图12）。为加快渲染速度，这里当然应用了一些艺术创意和相当数量的推测。最初的线条作为叠层浮于所有其他层上，在尝试搞清楚表面每部分明暗

程度的同时，可以参考截面信息。根据本书之前介绍过的渲染技巧和赋予明暗关系的知识，做出最好的猜测。当对构建形状改变有疑问时，就调整明暗关系。

图13

图13，对光照方向做了些小调整，这样光线就会照到车轮的低处部分。同时因为该汽车位于室外，边缘阴影更加明显，这样光更像太阳，不像室内摄影常用的柔光箱光照。所有车身的雕刻特征仍被渲染为明显的边缘。将一个形状混入另一个形状中，可以

通过在一层上将另一层处理得模糊来实现。这是构建小半径或圆角的好方法。要想复习半径和圆角的知识，请参考《产品概念手绘教程》一书的第06章。

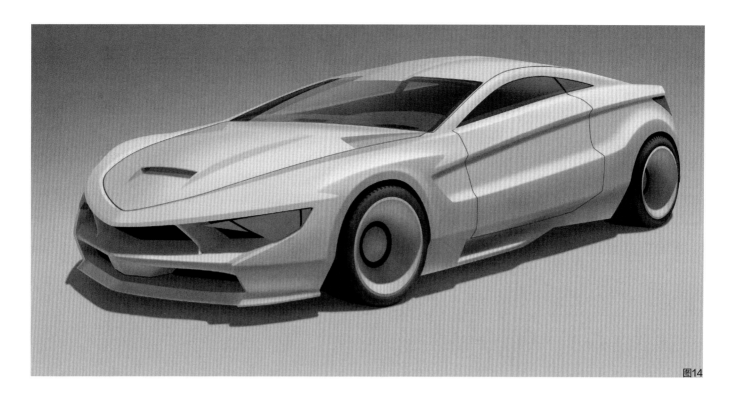

图14

图14确定好了前端的位置，添加了分段线。在阴影区域渲染时，就像这辆车前端的大部分区域，利用地面的反射光创造变化，传达想要的任意形状。将引擎盖进气口模糊化，现在看起来

它上面有一个小半径和圆角。在具有明显边缘的单独层上渲染所有附加形状，然后将其模糊化，从而改变半径和圆角大小的技术是渲染形面的一种技巧。

图15

最后，添加更逼真的地平面和更强烈的背景对比。（图15）地面上的几条线粗略地显示出来，以使更好地建立汽车的透视角度，并将其固定于该环境中。位于车右前角正下方地面上的亮区提供

了增强车前方阴影区域反射光的机会。像这样有选择性地放置元素是为场景生成更多光的一种自然方法。将投影层设置为"层叠"，这样投影中的白色条纹依然可见。

5.4 简化沟通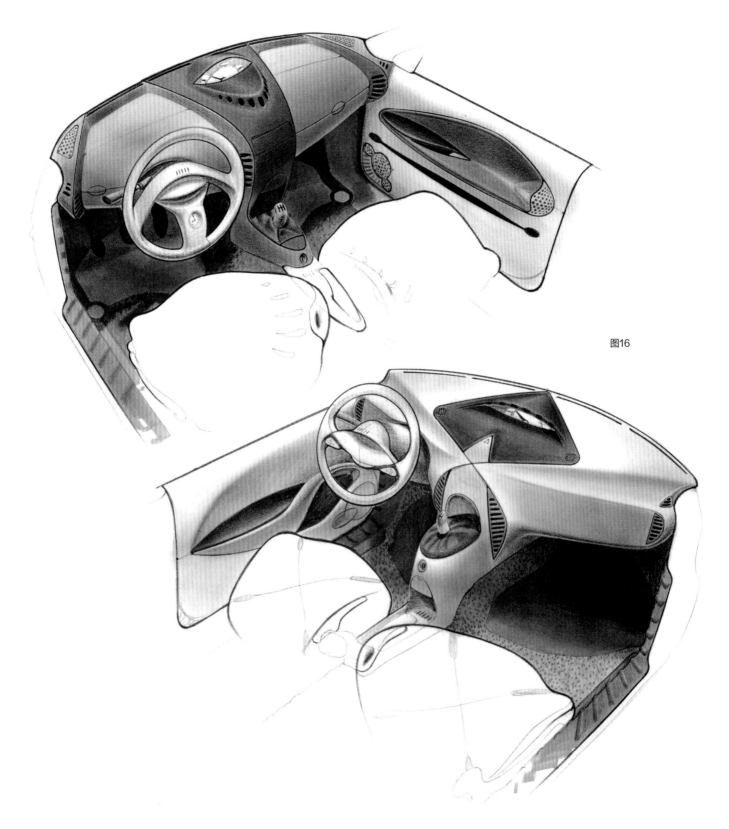

为所有背景添加明暗关系需要时间，要想更快地沟通表达你的想法就要求有一定程度的简化。保持线条可见，可以用于强调各元素的轮廓。如果没有时间来设计合适的投影，那么就使用柔和的光源，这样投影的边缘就显得模糊，就更容易猜出投影属于哪里。下面的两个例子展示了此简化方法。（图16和图17）

图16

图17

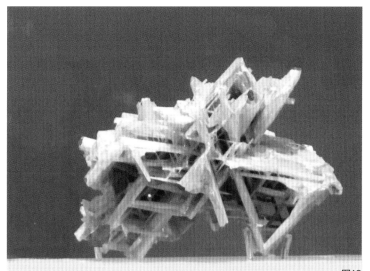

图18是白铅矿的一张照片。该照片作为图19概念素描的基础，通过在Photoshop渲染照片上部实现简化。这样做有趣的是明暗关系已经按照照片存在了，也可以为形状自身提供灵感。建立在原有照片的光照基础上，机器人的形状更加完善。每当想要出现折叠或弯曲形状时，只需要回想本书之前学过的基础课程：明暗变化等同于形状改变。在原版照片的基础上推测投影是最好的方法，并通过分散渲染来表明叠加的形状。

图18

图19

5.5 机甲人渲染步骤

该渲染演示解释了明暗关系的应用，没有使用很多路径或层。小的素描图（图20）是用灰色和黑色百乐HI-TEC 0.5钢笔画的。扫描后，使用Photoshop中的"魔棒"工具选择背景（图21）。素描图位于其本身的层上，降低其亮度，并添加背景。

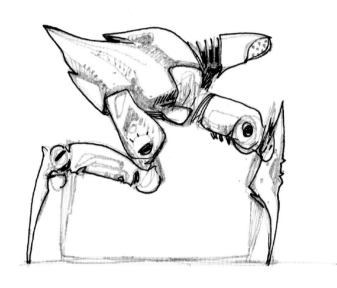

图20

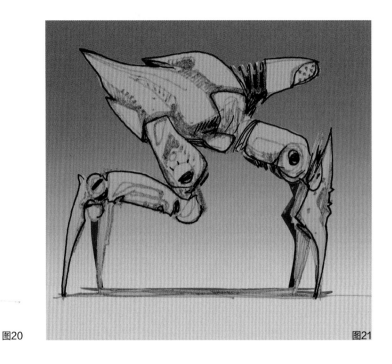

图21

渲染这个风格的物体时，只有两个主要的层。本例中，远侧腿部有一个层（图22），身体的其他部位有一个叠加层（图23）。设置远处和近处两个层，就可以通过打开"保留透明区域"的控制键来保留层边缘。立即添加背景渐变（图23），开始建立之前在第76页介绍过的顶光错觉。

图22

图23

视频讲解

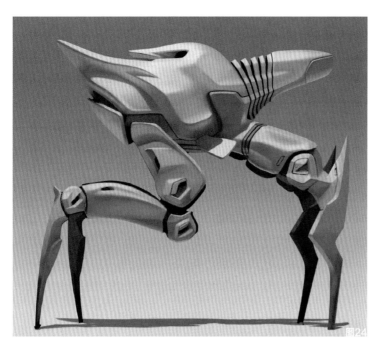

近处身体层的轮廓被细化后，"保留透明区域"按钮被激活，开始渲染明暗变化。想看该机甲的整个渲染过程以及喷枪的每一笔画，请观看本演示的完整视频教程。

到现在已经很明显的一点是，对光影的基本原理了解得越多，也就越容易赋予物体三维形体的幻觉。在图24中，整个表面仅仅是一系列的明暗变化。属于第1面的面是与光线最垂直的面。第2面是那些仍处于光照下，但是与光不太垂直的面。第3面是那些与光线平行，暗部所在的面。最后，还要渲染投影和反射光。

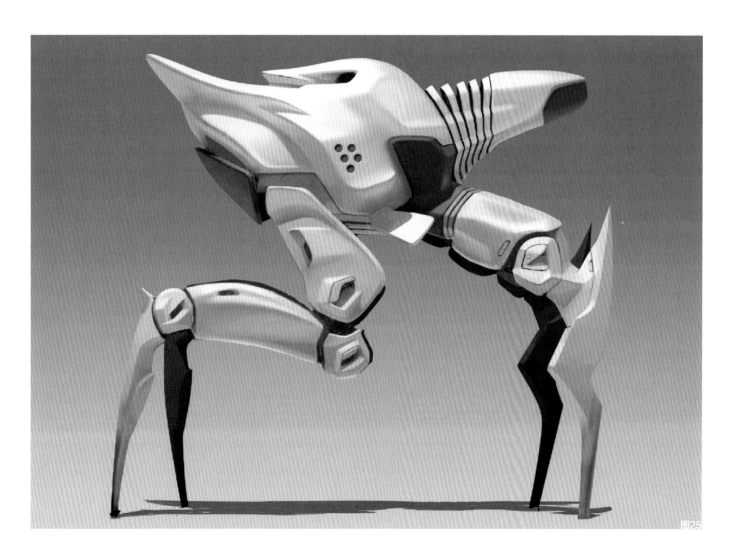

直到渲染程序的最后才考虑任何面的局部明暗变化。通过这种做法，根据需要提亮或者暗化形体的每个区域就变得更加容易了。图25中，在上部身体的左侧，三角形面板被暗化，就像身体的臀部和背部或右侧周围有一个区域一样。仅选择这些区域，将其过渡为可以调整明暗值层级的新的一层。这个方法也可用于提亮整个身体部位。

5.6 角色渲染的步骤 ✏

下面让我们一起浏览下Chris Ayers渲染该小兔子草图的步骤。和大多数渲染作品一样，该图以草图形式的想法作为开始。在开始渲染程序之前就完成草图有利于集中精力做好渲染。在渲染的

同时是很难设计好一个作品的。就像前面几页图上的机器人一样，草图轮廓首先由一层填充，该层上面是设置为"正片叠底"模式的草图层，所以扫描草图的白纸消失了。

图26

图27

现在是时候设计几个将要用到的光照方法了。图28中，主要的柔光光源置于兔子的左侧。阴影的放置属于经验性的猜测，基于本书开始部分提到的多年构图经验。

为了保留兔子鼻子和头的轮廓，添加了比主光源（图29）弱的次级柔和边缘光。时刻记住，是你在控制光。以最能传达你渲染的形状的方式来设计光。

图28

图29

▶ 视频讲解

图30展示了第二种光照选择。现在主光源来自兔子的前方，稍弱的边缘光来自兔子的后方。这些光照研究完成得相当快，它们足够紧凑，以便获得创意。

若想使用仍然显示的线条画来快速渲染，这样就算完成了。但是想让渲染呈现出更加逼真的效果，路径是消除边缘和线条的好方法。图31展示了在一个路径层上画的所有路径。

图30

图31

图32

选择第二个光照方法。路径用来选择来自快速渲染光照研究的新层。这些新层确定且路径轮廓细化完成后，"保留透明区域"键被重新激活，这样细化每层的形状时，只有已经包含像素的区域才会受影响。这个术语多用于2D数码软件渲染程序中。如果采用的是传统做法，可以略过这个。理念是一样的，只是工具不同。

如果这是一幅石墨铅笔或者彩铅渲染图，要想测试两种光照情况，先复印两份原始素描。一旦决定了两者之间较好的一个，就会有很多选择。一个选择是让细化快速研究变成更加完善的作品。另外一个就是轻轻画出原始图的叠加图，尽量将其渲染得紧凑些，这样淡淡的线条会消失，兔子开始显得更加逼真。在图32中，最终的渲染图周围没有线条，所有的形状和轮廓只通过明暗变化来体现。随着这样一幅渲染图接近完成，利用正片叠底来显示一个边缘和另一边缘的对比，或者让一个边缘消失在另一边缘中。数值渲染是持续平衡关系的一种行为。使一个形体或渲染更加精细需要有批判性的眼光和多次明暗微妙的调整。

5.7 数值和颜色关系 👁

学生在具备渲染亚光面、灰阶形状的能力之后，面临的最常见的一个挑战就是上色。有很多简单的对象可以帮助理解明暗和颜色之间的关系。特别是当一个学生尝试使用2D数码软件渲染程序如Photoshop给灰色的兔子上色，图34就是效果图。使用这个明暗比例时，为最亮区域的兔子画上漂亮、饱和的蓝色是不可能的。很多学生就会失望，觉得给灰阶图像上色根本不起作用。他们所知道的就是粉彩缺乏自己所追求的饱和度。实际上问题在于表面上最亮区饱和蓝色的亮度是错误的，亮度过高。

已经多次强调过，明暗变化等同于形状改变。在渲染灰阶图时，需要延伸明暗范围使形状改变更加强烈、明显。如图35、图36，操作时不用考虑这些明暗的真实颜色是什么。

解决方案很简单，选择出现在第1面的颜色。需要知道该颜色的亮度。请看图41蓝色汽车的照片以及图42灰阶图片。观察第1面上灰色的数值不像图33中兔子第1面的白色。渲染的最亮值，也称为"白点"，需要暗化为接近图42的效果。调整好想要的

图33

图34

图35

图36

▶ 视频讲解

颜色的明暗关系，就是成功了。黄色球（图38）的第1面相当于20%的灰色（图38），忽略太阳的反射。红色球（图39）的明暗对比更加明显。大多数人可能不会猜到红色物体的第1面相当于50%的灰色（图40）。例如，为使兔子变成红色，第1面的最亮值不能超过50%的灰色。如果没有暗化明暗的调整，出现的就只能是粉色。

学习颜色数值的一个好方法就是扫描最喜欢颜色的图片，将其转化为灰阶图像，观察明暗关系是多少，记下来以便以后参考。这并不是说必须在渲染成灰阶之前就要确定好物体的颜色，而是说在添加颜色之前需要调整明暗。如果没有扫描仪，可以将彩色图片复印成黑白的，甚至可以拍一张数码软件照片，然后将其更改为黑白。这是在学习后面几章全彩色渲染之前需要学习的非常重要的一课。

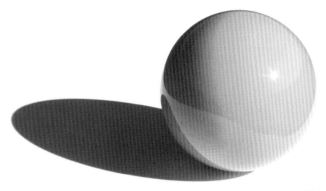

图37

图38

图39

图40

图41

图42

5.8 内维尔·佩奇的有机体渲染

生物概念设计大师内维尔·佩奇（Neville Page）分享了他的建议和技巧。

图43

该练习的目的就是要理解如何利用本书目前所阐述过的原理来渲染有机角色。我用辉柏嘉彩铅在Beinfang 360马克笔布局纸上简单进行了绘画。

图44

前面几章所看到的每个圆柱体和圆锥体是根据其光照方式在视觉上以三维形体呈现出来的。光源位于左上角角色的前面。

每个圆柱体/圆锥体都有一个本影，有时也有来自另一个圆柱体/圆锥体的投影。想象这些细节或者画一张素描图是通向渲染有机形体的无价地图。

图45

我通常不以眼睛作为渲染起点，但是在本例中，为干净起见，先渲染了眼睛。从左上角旁边开始一直到右下角，我以最小的力度握铅笔。

图46

眼睛渲染完成后，就开始着手形状了。眼睛上方坚硬的
眉头是圆柱形的，因此我必须留意暗部和最终的投影。

图47

在渲染头部周围时，我找到了更多圆柱形的区域。上嘴
唇是一个很长且很薄的包裹起来的圆柱体。另外，嘴后
部是两个圆柱体的复合体。上半部分逐渐缩小为一个
点，但仍然在下面的圆柱体上投了影。此处，暗部和投
影的明暗程度是相同的。

图48

顺着身体向下，颈部通常是一个垂直的圆柱体，在头部
下方有一过渡。这是圆柱体练习派上用场的地方之一。

图49

我继续在整个身体上添加一点明暗色调，这样就足以看
到混合在一起的暗部所在的位置。

图50

再次强调一下，胳膊和手只是几个在不同角度逐渐变小的圆柱体。我开始加入一些混合和褶痕用来显示皮肤。有趣的是，每个新皮肤褶痕是另外一个圆柱体。

图51

我小心翼翼开始渲染爪子，必须特别注意阴影是如何投射的。现在它是回顾圆柱体渲染的好时机。找几支铅笔，朝向所需方向握住，并用光照射它们，这也是有用的，没有什么能够打败真实的东西。

图52

已经为胳膊和手添加轮廓线，这是使各表面保持独立的一个快速且容易的方法。只通过明暗也可以实现，但是要想快速用铅笔渲染，这是一个经济的方法。

图53

现在是解决较大形体的时候了。大腿部分稍微有点难度。虽然它是由一个展开的圆柱体组成的，但是在其表面上有很多刻画肌肉的"浅"圆柱体。在这里，具备剖析的能力是关键。

图54

顺着腿，有些微妙过渡的难度很大的地方。有时候，如果我真的不知道如何展示一个形状，会非常快速地刻画出一个模型来看形状。有了这个经验之后，我就知道下次遇到类似形状时该怎么做了。

图55

截止到目前，该素描图缺乏透视感和深度。为了更好地显示出这两点，我打算画出另一侧的腿。

图56

为弄清准确位置，我在另外一张纸上列出了骨架，然后"连接"腿和胳膊，使之在低视线透视水平下可见。这都是假象，但是赋予了角色更好的基调。

图57

这张图是渲染好的，包括添加了另一边的腿。

图58

5.9 用石墨铅笔和约翰·派克一起画环境素描图

当约翰·派克（John Park）为我的一些娱乐资产开发速涂艺术时，我们通常在扫描绘画和渲染为2D的数码软件形式之前，用石墨铅笔展开概念。接下来的三页都是由约翰所画，这三页完美记录了岛屿、港口和体育馆的概念发展过程。（图59~图72）

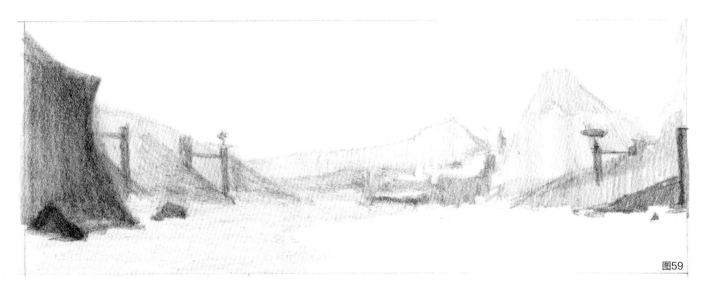

图59

这个环境是关于一个死火山的，它变成了一个岛，所以在顶视图下可以看到有一个内港，其形状是美观的圆形。从一堵大墙下航行而过就可以抵达这个港口。在港口的最远处、墙的对面就是一个举办体育赛事的体育馆。除此之外，还有几个皇室家族为他们的飞船配备了高架的着陆平台。这些建筑物在美学上受古代希腊建筑启发，带有些梦幻的色彩。顶视图见第136页图72。

图60

图61

图62

前期的大多数努力都是为了建立摄像机的视图，初步感知哪个视觉效果能最好地传达环境的设计理念。约翰主要使用了线性透视和大气透视，还有很少的数值范围。他在每个素描中围绕要求的元素调整相机位置。此处没有在建模上花费太多精力。

图63

图64

图65

图66

图67

图68

图69

该场景的组成大部分被处理为互相叠加的、简单的暗色轮廓形状，通过使用大气透视作为赋予明暗的工具，可以快速渲染，并且可以很好地呈现出深度感。以上草图开始看起来比较潦草，像图69，之后根据太阳光线的存在和方向添加更多明暗，同时让整体处于大气透视之下，这些草图就变得更加真实。图70开始把水的反射包含进来，运用光照仅照亮图像的右侧，因为左侧处于阴影下。这是在图像右侧的飞船和着陆架/桥上形成焦点的完美光照设计。

图70

INTERIOR SHOT

图71

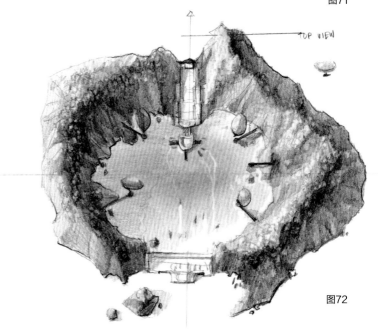

TOP VIEW

图72

图71是对岛内景象进一步细化的草图，也是在大山映衬下体育馆的第一个紧凑绘图。记住，想呈现像山脊或在其他背景下的某些轮廓时，需要出现整体的明暗变化定义这些边缘。例如，大山映衬下的帆在阳光下是暗的。下面的船的帆是暗中亮的部分，右侧最靠近山脊的后面画了升起的薄雾。这样调整明暗变化来呈现暗处树木的轮廓。当对逐渐远去的山脉赋予明暗关系时，通常会添加诸如雾霭或者从汹涌的波涛上升起的薄雾，形成从山顶较暗到山脚较亮的渐变效果。这个明暗渐变使渲染更加自然，因为这是在自然界中可以观察到的常见的现象。添加这些明暗关系胜过其他一切，可以让渲染感觉更加真实。

就算表现环境的草图（图72）也显示出形状，巧妙地应用明暗关系建立起亮部和暗部。这是应用本书前面所讲原理的一个很好的例子。

没有线性透视或大气透视可依赖，以投影的形式运用明暗关系形成强烈的1-2-3显示效果，形状就会跃然纸上。为草稿图添加明暗关系很有趣，这些明暗完美地为大脑提供视觉线索，效果让人惊叹。

图73

约翰画的岛的素描成功地展现在本页的两幅图里。图73是很好的岛屿整体的近镜头，此处可以看到外墙的范围及内港的概况。根据我们观察位置的距离，墙壁拱门里的黑暗投影和内部山脉本身从暗到亮的明暗递增形成了完美的深度感。观察飞船的1-2-3完美展示了草图是如何表达的，同时通过几个简单的反射现象，水也开始变得生动起来。

下面的图74是铅笔绘图的最终展示效果，宽10.5英寸。根据前面草图的探索，约翰将自己对明暗色调和形状以及画面景色的把控能力发挥到极致。阴影遮蔽加强了图像顶部墙壁拱门上的椽子。中景中的飞船是白色的，在较暗的景色中更加突出。通过设计光照，右侧远处的船和水手处于暗部，约翰可以在该背景下勾勒出它们的轮廓。

图74

5.10 罗布·鲁伯尔的渲染环境

艺术总监及指导罗布·鲁伯尔（Robh Ruppel）分享了
他渲染环境的方法和技巧。

以一幅手绘素描开始真的非常重要。手创造出来的自然
韵律是不可复制的。正因为此，艺术才变得个性化、独
一无二。即使草图很小，也是一个好的开端。（图75）

图75

绘制草图是探索形状和重新排列元素的过程。我们要有
取舍，我们是艺术家，应该以我们对它的感受来呈现。
我们不是相机。（图76）

图76

作者：罗布·鲁伯尔

我先使用尽量少的明暗色块做出一个简单的设计。如果这个设计在这个阶段起作用，就会在整个过程中有效。测试一下形状到底能有多抽象，仍然可以看出来是什么物体。可以将这个设计推得相当远，仍然可以让场景看起来"真实"。那个真实感来自明暗色块关系。如果这些明暗色块之间的关系正确，那么这个关系就承载了场景真实感的较大分量。知道并理解这些关系来自户外，即这些草图诞生的地方。（图77）

下一步，为这些明暗色块分配颜色。找到平均色调，维持已经建立的关系。开始建模并选择光和影，确保暖/冷关系有效。做出深思熟虑的抉择，这样每一步都感觉真实。（图78）

前景中的大阴影被分为单独的元素：草、人行道和路面。它们保持在最初建立时的明暗范围内。不仅保持设计初衷，而且对学习怎样使用小范围调整明暗值来体现形状的改变都是非常重要的。（图79）

既然已经具备了主要元素，是时候使用流畅的明暗渐变来添加一些细节了。这些细节必须与整体设计协调，营造整体和谐的气氛。（图80）

下面该通过添加过渡颜色和简单阴影开始建模了。很多大面积的简单细节被添加到建筑元素上。（图81）

乐趣从修理树的形状开始，制作模仿树叶结构的留白空间。添加树干，这样其韵律充满整个场景中。不必完全按照自然界中所观察到的一样，但是其形状应该与角色相符，并形成创作理念。（图82）

开始建立车的形状，并在前景阴影形状中添加一些较小的元素。（图83）

图84添加了人行道、屋顶和远处的建筑物。（图84）

现在添加细节：阳台、灯柱、远处建筑的独立楼层及一些反射。这些细节仍按照渐变的明暗色块添加，模仿了水粉建筑画的老式技巧。（图85）

下面该在远处街道水平结构上添加更多隐含的细节了。这些细节都是"隐晦的"，因为其代表了艺术家的印象，而不是照片似的逼真刻画。不必画出每个角度和柱子，而是用随机的色块来描绘细节，随机色块和视觉信息相匹配。眯起眼睛观察明暗关系和颜色。复制该效果，而不是重复所有的细节和形状。（图86）

右上角树上添加了大气效果。正是这个微妙的色调过渡才让物体安坐于场景中。（图87）

微妙的色调调整将整个场景联结起来。只有最初的设计和绘制草图关系正确才能实现。否则，剩下的都是白费力气。（图88）

5.11 罗布·鲁伯尔的环境渲染实例

要想学到更多关于罗布渲染的过程，看到他的更多作品，请查阅所著的《洛杉矶图像》一书。(ISBN: 978-162465017-8)

图89

图90

图91

GIOVANNI DELLE BANDE NERE

第6章　参考照片

当根据想象渲染人物、场所和事物时，很多设计师忘记光、影、色彩和材料是不需要重新创造的。这些想象的设计可能是前所未见的物体，应以全彩色展示，并由我们周围世界所观察到的熟悉的合适材料组成。提高观察能力是提高渲染技巧的一个非常重要的步骤。

观察并加深对基础物体学的理解是本书的主要关注点。开始建立这个能力的方法之一就是走出工作室，按照罗布·鲁伯尔在其教程中描述的观察方法来渲染。在旅游、研究新材料和光照策略时进行拍照是帮助获得渲染信息的重要手段。让我们一起看一下怎样最好地利用这个参考材料并在将来作出合理安排。

6.1 什么是好的参考照片？

不是所有的照片都适合用于研究。参考照片需要在分类时加以限定。带着批判的眼光看你的照片并问问自己这个图片是否是理想的例子。可以删除稍差的范例，或者扔进"垃圾箱"。图片的质量比数量更重要。

假设你需要镀铬汽车的例子，仅仅拍张照片是不够的。要建立起一个全部都是最好的例子的参考库。经常要有选择性地留意并选取美观的图片。渲染的灵感就在身边。看到并捕捉到事物的能力需要练习。

6.2 如何使用好的参考照片？

参考照片用来渲染图1。真车（图2）是用iPhone在早上拍摄的，然后作为当天下午用Photoshop渲染车的参考照片。车轮用MODO渲染，之后添加到Photoshop图片中。在这种情况下，颜色和材料表面就是拍摄车的原因，因为它是用Photoshop渲染所需的理想颜色和表面。想要发明新形状，而不是新光照、颜色或材料，直接将参考照片的明暗关系和颜色作为范本应用到新车的形状中。随处可用到你的些许艺术创意，但是参考几小时前拍摄的图片对于加快渲染过程来说是一个很大的帮助。这在商业艺术界是一个很常见的惯例，速度和精确度在传达思想时比艺术性、说明性的魅力更加重要。

图1

图2

6.3 创建参考图库

以下是在Adobe Bridge中创建的参考图库的截屏，创作这本书时一起放了进来。当时为了找到最能传达本书主旨的例子，选取了大约1.5万张照片。这些图片取材广泛，每张都能很好地传达形状变化等同于明暗变化、反之亦然的重要概念。阅读文件夹名称就可以发现作者在创作本书时的深入研究和准备。本书中所有的照片摄于大约15年前。学无止境，永远保持好奇心。

图3

第7章　反射面

让我们进入本书剩余部分——关于反射面的学习。渲染反射面要求学习不同的物理规律，这可能让人迷惑，因为为反射面赋予明暗色调和为亚光面赋予明暗色调完全不同。学习如何观察并理解反射现象，然后复制到新作品中，是需要掌握的非常重要的技巧，因为大多数物体表面多少都有些反射。所有与亚光面相关的知识仍然需要，现在要将反射添加到这些亚光面中，将两种材料融合于同一个表面上。

7.1 入射角

对所有艺术家来说，渲染出真实效果的反射面都是一个很大的挑战。最好的改进方法就是提高对潜在物理现象的理解，这些潜在物理现象影响到所有的反射面，从光滑的汽车到潮湿的街道。有了这些知识作为武装，渲染闪亮表面的任务也变得简单多了。本章阐明反射现象出现的原因，然后展示如何渲染看起来真实的、想象中的闪亮表面，同时通过反射本身的形状和强度来传达表面的形状变化。

讨论反射现象最容易的方法是观察一些参考照片。

反射，更重要的是反射的位置仅仅取决于一件事，视线从亮面反射出去，投射到该表面周围环境时的角度。（是的，是的，我知道严格意义上讲视线是指：当你观看一个物体时，从其表面反射出来并进入眼睛里的光。但是为了简化说明，我们想象一下相反的。可以通过搜索引擎学习更多关于眼睛方面的科学知识。）

图1中，环境反射到亮面。这是理解反射最基础的现象。

当视线与表面相交，在此处形成的可测量的角就称为**入射角**。

简单地说，就是当计算反射进入亮面的位置时，视线入射角总是"同进—同出"。

换句话说，视线与表面相交的角度与其从表面反射出去的角度完全相同。

图2展示了一个人看镜子时的侧视图。他的视线在测量时是同进同出。这对于设置/定位亮面的反射来说绝对是最有用的信息。

图1

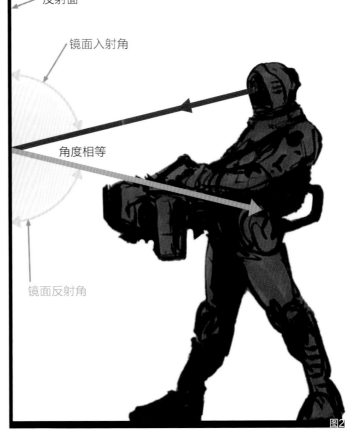

反射面

镜面入射角

角度相等

镜面反射角

图2

▶ 视频讲解

要计算物体在镜子里的反射位置，就要使用《产品概念手绘教程》一书中详细解释并说明的镜像透视画法的相同技巧。我们之前的书里解释了如何通过反射一面到另一面画出对称形状。如果你已经学了那本书，你就已经知道如何设计透视反射了。

如果反射图（图5）不清晰，请在继续阅读本书其他内容之前阅读《产品概念手绘教程》。真的，知道透视画法和反射是理解设计反射的前提。那本书详尽地解释了这些技巧。

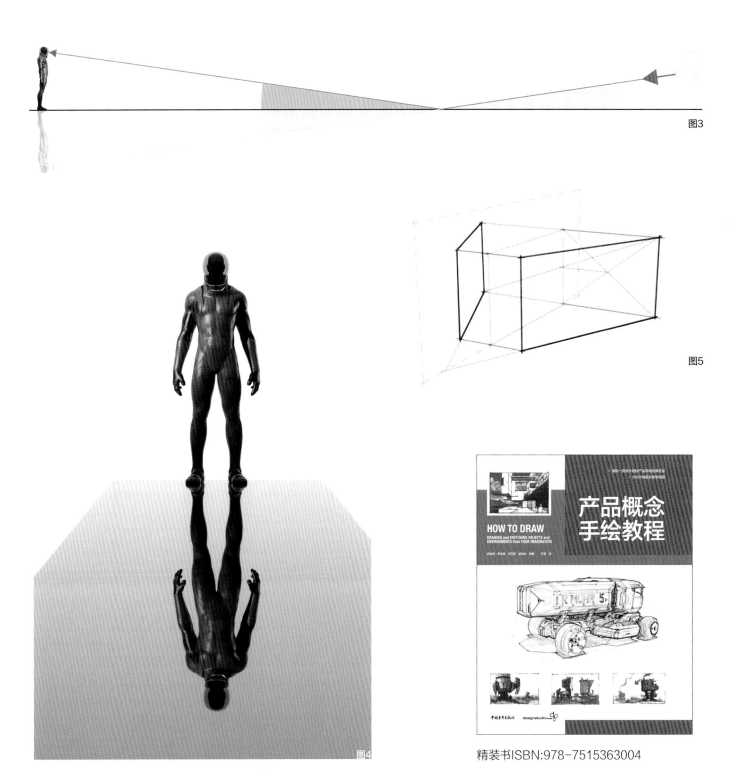

图3

图5

图4

精装书ISBN:978-7515363004

7.2 设置反射

要想精确设置物体表面环境的反射，然后将物体的反射设置到平面上，就要掌握高水平的透视画法技巧。除知道如何按照透视法反射物体和表面，也需要多了解组成立体表面的X-Y-Z三维结构。若没有这些知识，设置反射位置最好的方法就是靠直觉来猜测，这和"有经验的猜测"恰恰相反。正确设置反射是非常重要的，这样就算一个平常人看到渲染图时也能明白该表面是发光

的，也能够理解其过渡形式。由于渲染时间限制，花费必要的时间来设置合理的反射通常不太实际。相反，应该应用反射的物理现象并做出最好的猜测。阅读本书的剩余部分内容，做练习并观看所有相关视频会让你在渲染反射面方面获得惊人的有根据的猜测能力。

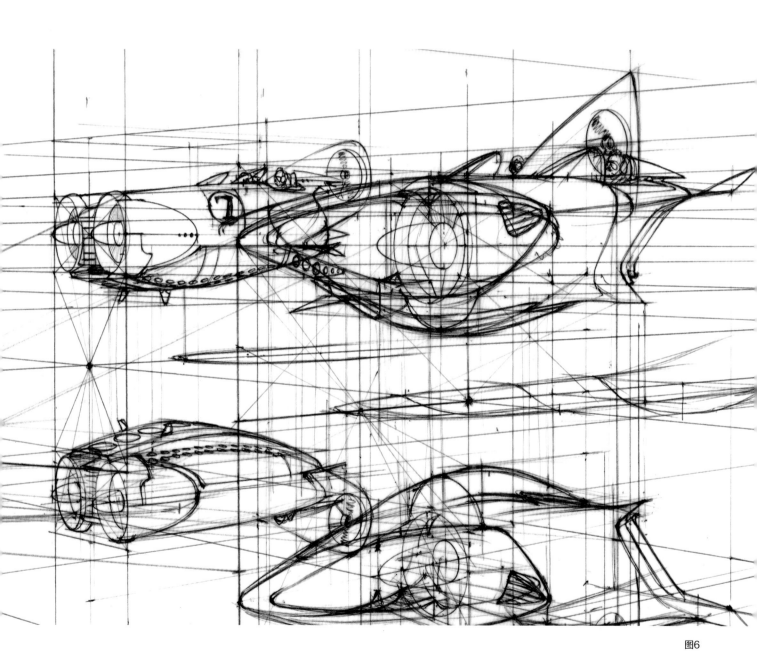

图6

视频讲解

7.3 基本思路 👁

图7展示了视线从铬形状反射出去、投射到周围环境位置的基本思路，这是需要记住渲染反射时最重要的一点，反射就是关于反射面周围的事物。这听起来很简单、显而易见，但是很多学生渲染反射形状之前不会首先设计其周围的场景。即使形状的渲染背景是白色的，仍需要在渲染反射之前知道形状周围的颜色和明暗程度。就像设计之前场景的光照一样，现在开始设计反射面周围的环境来完成一些具体的渲染效果。总结一下，反射就像一面镜子，有时候也会变形。接下来，渲染亮面周围环境在其表面的反射，确实很有意思。

左边灭点

太阳的反射出现在当视线从表面反射到天空中太阳的位置。

观察这个白色发光的圆柱体的反射高度是如何由于表面的凸出而被压缩的。同时也注意它如何将圆形的太阳压缩成一个椭圆的。

A

到三条黑色条纹的反射灭点，延伸到我们的观察位置之后。

注意：水平线反射到视线从与地面平行的表面反射出去的位置。这里的红线平行于地面上的黑条纹反射出去。平行线相较于一个灭点。这样，这个灭点位于此场景中相机的后面，可以通过观察铬形状（A）一侧的地面上的整个反射情况来开始理解。

7.4 设置反射：凹面和凸面 ✏️

玩过哈哈镜的人都知道曲面镜会扭曲反射的东西。下面是基本的推测方法，凹面伸长反射，凸面压缩反射。

下面的每张图片中都有一个站在曲面镜前的宇航员。相机在两种视角下的相对位置相同。图8展示的是凹面弯曲，图9展示的是凸面弯曲。视线从这两个不同的曲面反射到环境中不同的部分。

图10中，视线反射回宇航员，反射出去的面积大于表面，所以

其反射图像延伸了。图11中，视线反射回宇航员，反射出去的面积是比表面更窄的部分，所以其反射图像被压缩了。

下次当你经过一个光滑的曲面时，观察一下反射是如何变形的，然后再仔细观察该表面的曲度。

记住：凹面伸长，凸面压缩。（图8、图9）

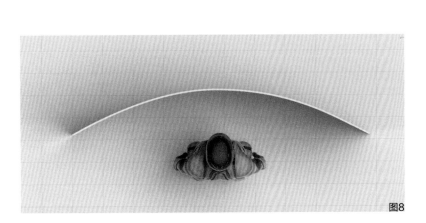

图8

凹面

图9

凸面

图10

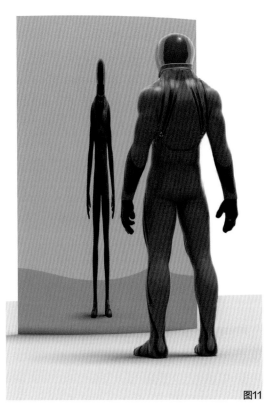

图11

削铅笔时，想一下这些光滑水平圆柱体和竖直凸面镜子。图12和图13展示了相机可以看到的透视角度下的草稿视图。通过研究这些草稿视图，就可以相当准确地预测透视角度的反射。从相机到亮面画出几条顶视和侧视角度的视线。

接着，预估一下视线反射回场景中的位置。返回追踪反射面上红球和红色圆柱体的位置，然后估算其在反射下的变形。需要经过练习后才能有这样的思维。本页中链接的视频分步展示了该过程。

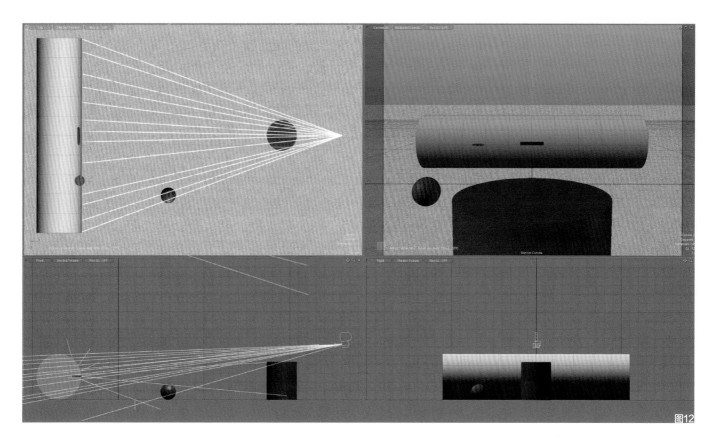

图12

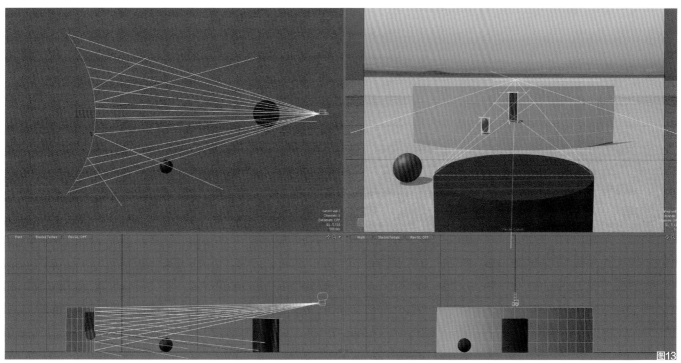

图13

7.5 数值、颜色和反射感知 👁

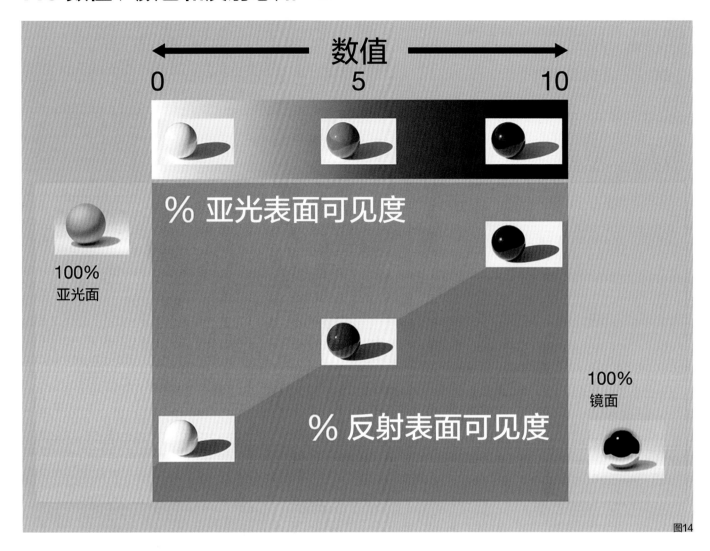

图14

我们来看下这些不同颜色和不同明暗程度的台球。上图14左边显示的是100%亚光面，右边是100%镜面铬表面。顶部是从白色到黑色的明暗渐变。观察不同明暗的光滑物体时，大脑所感知的亚光面和反射面的数量不同。观察像红球一样的中值颜色时，大脑意识到的亚光面和反射的数量相同。观察黑色物体时，大脑所感知到的是只有一点亚光面的非常光滑的面。换句话说，黑球上几乎看不到暗部（或亮部），然而白球的暗部看起来非常明显。这个观察有助于建立基于明暗比例基础上的两种不同反射渲染策略。明暗程度越亮，感受到的反射越少。令人费解的是，所有球的反射面相同，每个球周围的环境也一样。那么什么变了？白球和黑色的外观没有变化，改变的是感知到的反射视觉强度，不是真的强度。为什么会这样呢？大部分是因为从物体反射出去时，稍亮的区域显得更加浑浊，就像太阳照射在汽车挡风玻璃一样。反射一些像黑色建筑或者暗的树时，眼睛几乎看穿该反射。

黑球发出的明亮看起来是在黑色基础上的白色，其对比度很高。白球发出的明亮看起来是在白色基础上的白色，对比度很低。两种颜色的球都反射周围的光亮因素，只是在黑球上更加明显。

当表面明亮的时候，优化亚光面渲染是一个好方法。当表面较暗的时候，优化反射渲染是一个好方法。另外一个考虑就是反射下面的亚光面显示的光亮表面的明暗变化比较暗表面的多，这在第3章已经介绍了。看一下上方图表，哪个球最容易渲染？

黑色是最容易渲染的颜色。
白色呢？更难些。

图15

图17

图19

图16

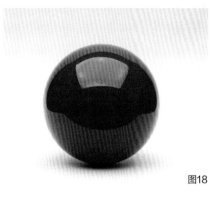

图18

图20

红色？是最难的。

红色是最难渲染的，因为必须渲染相同数量的反射面和亚光面特征，反射面和亚光面的明暗变化可互相抵消。涂成非常光滑的红色形状看起来非常平滑。有阴影的地方也有稍亮的反射将其抵消。

图15-图20所拍摄的一系列照片正是为了证明这一现象。研究反射时，理解环境和光照是非常关键的。图21代表这些例子的环境，室内工作室的球体周围都是黑的，球体后面有一张白纸依靠在墙上。一个单点聚光灯放置在最上面一排球的左侧。底排的球由柔光箱照射。

物体周围的光更明亮，在背景纸上形成渐变，因此渐变反射到球上。观察暗部和渐变在具有更亮值的球上是如何更加明显的。在黑球上，暗部是看不见的。正因为此，渲染一个光滑的黑色球体相当简单。渲染黑色光滑球的亚光面部分只要求填充黑色的圆形。超级简单！

图21

7.6 菲涅尔效应 👁

图22

图23

图24

铬没有亚光面的性质，没有明暗交界线，没有亮部，也没有暗部，不必担心。如果一面镜子非常干净，在其上投影时，投影是看不到的。投影不出现在镜子上是因为所有投射到其上的光都反射出去了。如果镜子有灰尘，那么开始出现亮的阴影。但是通常来说，毫无瑕疵的铬表面是没有投影的。

实际上，发生在除铬之外的所有表面上的反射强度根据视线入射该表面时的入射角而发生变化。这对于理解任何亮面上的反射现象来说是最重要的。（如图22~图24）

随着表面远离视线，环境的反射强度会发生变化并变得更强。因此，出现了通过改变反射强度进行表现的渲染方法。三维计算机渲染程序通常将这种现象称为"菲涅尔效应"。

渲染铬材质时，随机选择物体周围环境的颜色、明暗色块、该区域的色样，然后将其应用在物体表面上。下面是需要记住的关于反射的基本原则：**在视线垂直于一个表面的地方**，本例中是球体中心，**反射是最弱的。在视线与一个表面相切的地方，反射最强。**（图25）

铬却是个例外，其在任何角度都是100%光滑的。

在渲染任意光滑物体时，必须知道该物体周围的环境。否则，物体周围的颜色和质地不能反映到反射层中。无论何时，开始渲染任意亮面时，最重要的是要设计环境。

如前页看到的，地面是一张靠着墙面的白纸，前景中有单个光源。这些例子中的反射经过控制和简化。

一般来说，简化的环境可以帮助观察者。向客户呈现一个渲染作品时，最重要的事情当然是设计，但是也要尝试展示组成成品的颜色和材料。

传达出光滑的物体很重要，但是不能光滑到反射老马厩旁边的橡树、稻草人、鸟群和天空中的喷射痕迹这些不相关的物体。可能那看起来更像照片，但是可能会使观察者感觉迷惑。简化并控制环境有助于更快完成工作。

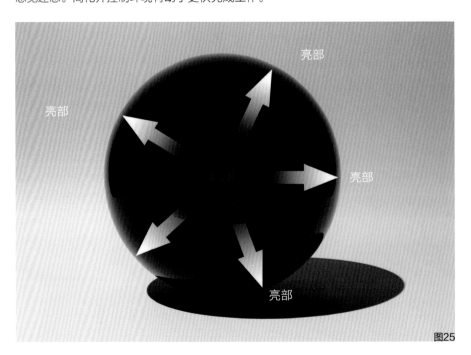

图25

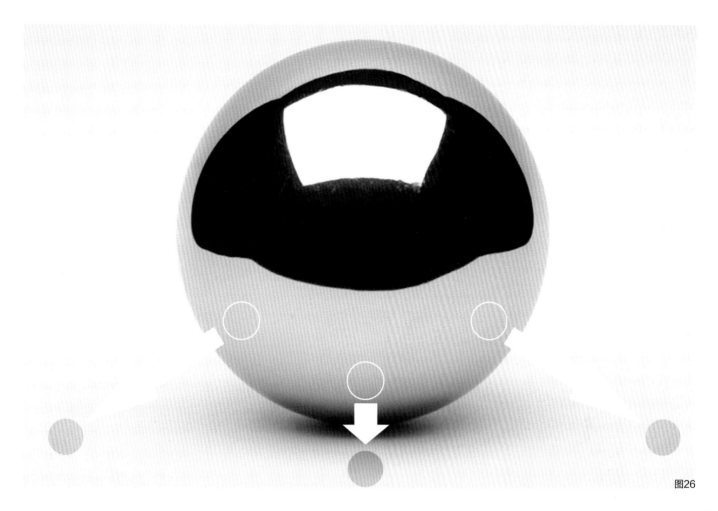

图26

铬通常是半值，比其反射的颜色深50%到100%。看一下图26的样品，其在明暗关系上是一半的黑度，可能在明暗色调上比周围环境反射更暗。所以渲染铬合金时，严格说所有的东西都可取自物体周围，洒向表面，然后整层都可以暗化，从而呈现出美观的铬表面。这个简单的渲染技巧很容易记忆，也容易在Photoshop上操作。

图27

图30是一个真正的黑色台球的照片。图31是在Photoshop中制作的渲染过的黑球，在黑色水平的圆盘（图29）上为铬球（图28）分层，然后在不同地方小心擦除，用以区别由于入射角或菲涅尔效应所产生的反射强度。因为在下方展示了黑球，所以其混合在一起的方式非常接近自然中发生的实际情况。

调低铬层的透明度使其变黑，不擦除或遮住其中心是不起作用的。在整个球体的表面是看不到明显的渐变效果的，所以不会观察到形状变化。应该用一块软边的橡皮按照反射层擦除视线与形状垂直的铬层。视线与形状相切的地方，让反射层更浑浊。擦除反射层，改变其透明度，显示出下面的黑球，但是只改变视线与表面最垂直的地方。这里正是反射最不亮的地方。作为擦除的副产品，边缘处更浑浊，中间更透明。渐变已经引入。当表面上有明暗渐变/变化时会发生什么事情？我们看到的是形状变化。

一定要在单独的一层上渲染光源的反射。放在环境反射的其余部分的同一层太强。这种情况下的光源只是一盏白色灯泡，反射显示有划痕和残缺。观察一下其是如何贴近实际的，而不必做太多工作（图31）。

下一页（图33）上出现了MODO中的一个场景，显示菲涅尔效应。观察当引入像水（图34）的涟漪或波浪时，同一个反光面发生了什么。场景的侧视图下（图32），涟漪很小，表面反光，观察者视线的入射角的小改变可能会产生大影响。观察者面对的每道涟漪前方不太反光，因为相比于每道涟漪的后部，前面更垂直于观察者。这样就导致了反射强度的改变，反过来形成明暗变化，这样大脑感知到的是形状变化。很酷，是不是？

图33中，看从反射面取下来的A和B样品。该平面后面背景的颜色和明暗程度不变，但是样品的颜色和数值完全不同。这是菲涅尔效应再次起作用了。

图28

图29

照片

图30

渲染图

图31

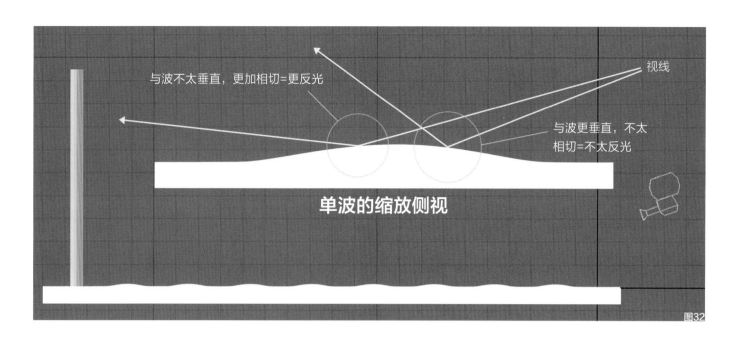

与波不太垂直，更加相切=更反光

视线

与波更垂直，不太
相切=不太反光

单波的缩放侧视

图32

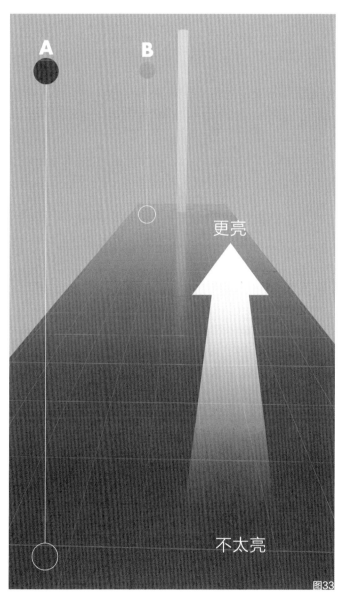

A

B

更亮

不太亮

图33

波纹表面就像水面上的波浪。

图34

更亮　不太亮　更亮

不太亮

地面的颜色和数值基本保持不变。

图35

菲涅尔效应很容易观察到。下次在等交通灯时，观察一下前面的车。最好是干净的黑色汽车。车的后部没有侧面看起来亮，正如台球，因为从这个有利位置来看，车后部垂直于视线。后部看起来像一个亚光面，就像底面涂了漆的漆料一样几乎全是黑的。看车侧面时，看起来非常亮，就像铬一样，因为视线的入射角与车表面相切。明亮的道路反射到暗色的车上时出现的对比反差最大。随着反射强度的改变，明暗关系也出现变化。最终结果是大脑再一次受骗，意识到了形状变化。

为何反射强度会发生那样的变化？微观下，就算是光亮、光滑的表面也会有小的不平整的地方。直视时，与该表面垂直，视线从这些不规则的地方以不同的方向反射出去。与其相切时，不规则的地方对齐，更多视线从该表面以相同方向反射出去，形成菲涅尔效应。

图35、图36和图37明确显示了菲涅尔效应。下页图40中的这种效果简单地通过从物体后面背景的颜色和明暗取样，然后在Photoshop底漆层上渲染，渲染在了材料上，使其看起来更反光。这是一个简化的外观，但是形状仍然显示，材料看起来也亮。这样，工作就完成了。

图36

图37

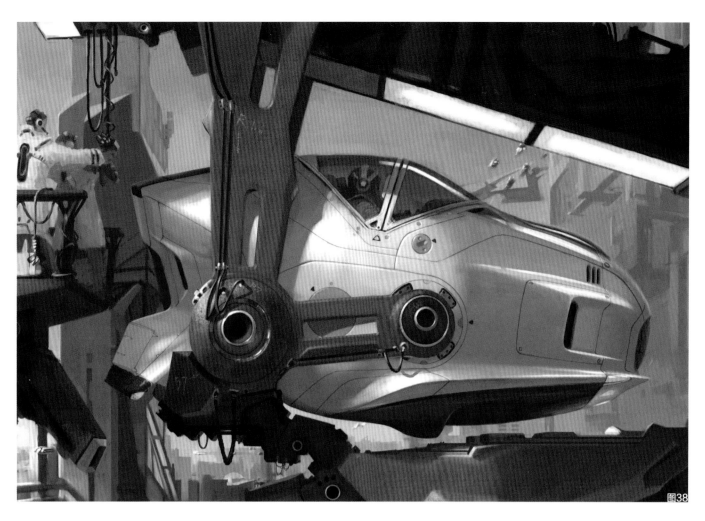

图38

图39

图40

水也会出现像亚光漆上的涂清漆一样的效果。垂直向水里看，通常看起来像它的真实颜色。当从水中向外看时，水会越来越亮，比天空的颜色还要明亮（图42）。玻璃上也会有同样的效果（图43）。所有的反射行为都一样，都可以在单独的一层上按照这个方法渲染，或者在任意2D数码软件渲染软件中的亚光底面上的一个或多个层。如果没有用数码软件方式渲染，请继续对最终结果进行预可视化并渲染亚光底面和反光亮漆。这就是在数码软件渲染出现以前要做的。

本书前面提到的光照射在亚光面上的物理性质已经很直接了，希望可以便于理解。如果物体的表面不是亚光面，而是反光面呢？同样的物理性质不再适用。

图41

图42

图43

闪光物体的形状是通过改变反射的强度来表达的。观察图44中黑球上的坑和圆顶。明暗变化很微妙，但是大脑仍然可以理解形状。希望截至目前，读者能够明白有一种方法可以根据视线和平面相交的方式在光滑的物体上显示形状。这和光源的位置没有任何关系，仅仅和周围环境的反射强度的变化相关。这是一个非常不同的渲染策略，最终结果还是渐变，欺骗大脑看到形状。为使那个表面与凹陷处或圆顶处相撞，其上必须要有渐变。如果明暗关系改变，大脑就会看见形状。

下面难点来了。如果该表面是铬呢？

形状变化不太容易发觉。如果环境中有渐变，就像天空，反射中仍然有渐变。参考前面铬形状的照片（第159页，图26），围着球的那张纸上有渐变，所以这个环境渐变在铬球上的反射中是看得到的。渐变出现在表面，但不是反射强度改变的结果。

观察反射在下面的汽车照片中是如何体现的（图45和图46）。思考一下如何渲染，可能通过设置几个图层。如果汽车的表面是纯亚光的，越向顶部这些表面越亮，在顶部，这些表面与光线更加垂直，在与光线更相切的侧边更暗。但是这些渐变是颠倒的。其与亚光面恰恰相反。记住，有了这些暗色，不必太担心亚光面信息。图46中的挡泥板有一个远离视线的曲面，这样在形状的轮廓附近就更亮。观察同样的物理现象是如何单独发生的。这个逻辑同样适用于车轮开口处轮胎处及车底部（图46）。观察一

下不太亮的区域如何显示出更多车身颜色，而在亮的区域，更多显示的是铬的形状。

所以尝试渲染反射面时，最好取些参照，展示一些图片例子，就像整本书展示的那些例子一样。

图44

图45

图46

当光滑形状与其反射的物体接触或叠加起来时，它就会变成和那个平面一样的颜色和明暗程度。光滑的物体就成了所处环境中的一面镜子。努力保持物体的轮廓看起来不自然、不真实。渲染光滑形状时，弃掉轮廓，将其与背景融合。那就是我们在自然界中观察到的，也是设计的光滑物体建立好之后将会发生的。若光滑物体的轮廓很深，会消除真实感的错觉，因为看起来绝对不像现实中的物体。让边缘消失，就像图47中的铬保险杠。艺术家倾向于将所有东西的轮廓都画成线条画，但是看起来并不自然。如果保留形状的轮廓比将其渲染为现实中的形状更加重要，那么就不要给物体一个反射面。需要降低该表面的亮度来展示轮廓。

图47

碳纤维头盔壳（图48）的基层出现了一些其他东西。不再是关于亚光面着色，因为在透明漆面下面有一个碳网。严格来说，透明漆面位于碳网的正上方，环境也反射到这层透明漆面上。现在向下看壳的轮廓，其呈现出周围环境的颜色和明暗色调。头盔形状的中间部分看起来比其轮廓旁边的表面黑得多，更多显示的是橙色。看到其滚远，就像一个被挤压的球体一样。

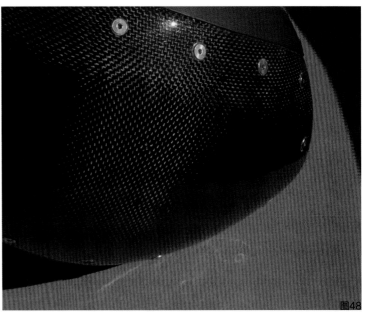
图48

2D数码软件渲染的方法就是在碳纤维层上部放置一层新的反射层。本例中使用"克隆工具"将地面放在基层上，然后根据视线入射角的改变擦除/遮盖地面反射层。这是实现和照片中相同类型的反射结果的渲染方法。一开始理解起来有些难度，但是在很多种不同现实物体表面上都可以看到这种现象，希望你也会更好地理解。

图49

图50

7.7 数码软件分层方法

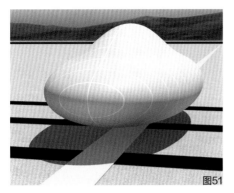

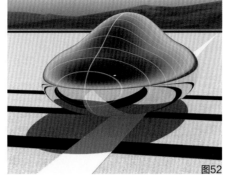

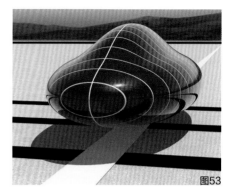

图51 图52 图53

搭建有多层图层的数码软件渲染比仅有一层的数码软件渲染容易多了，就像使用传统的媒介渲染一样。上面是一个亚光面（图51）和一个镀铬面（图52）。观察发现结合后的图层在红色表面（图53）上看起来更加复杂。

红色表面的基层也有一些金属薄片，这些内容将会在第198页详细介绍。观察亚光基层在清漆反射下是如何以不同程度呈现，同时看起来是红色。

下图54是第189页中渲染示范的数码软件层。除反射外，所有这些层看起来和渲染中的一样，其被置于黑色背景之下，所以在这里看起来更加明显。在图片是黑色的地方，真的反射层是透明的。

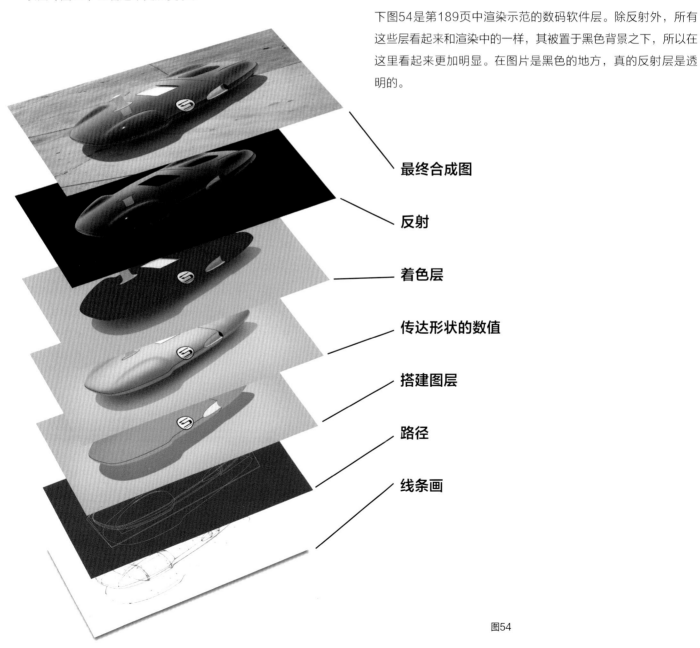

最终合成图

反射

着色层

传达形状的数值

搭建图层

路径

线条画

图54

7.8 反射翻转 👁

图55

视线从一个光滑的凹面反射出去时，反射翻转是一个非常常见的现象。反射视线使环境反射看起来是反的。图55中出现两个明显地站在这部分汽车周围的人群反射。在上面的半径上的A点，人们看起来向右上方倾斜，就像预料到的一样被压缩了，因为表面是凸面。在B点，同样的人看起来是拉长的，因为这里的表面是凹面。无论是凸面还是凹面，视线都反射回同一周围环境中，这样反射就是相同的，只是倒置了。仔细观察C点，显示出了和A点一样的反射，但是在竖直方向上压缩得更多，因为半径更小。B点和C点之间的倒置反射必须在某点重合，变成一个反射，因为表面从凹面变成了凸面。可以在D点黄色汽车的反射上看到球底部表面的一点点反射也是如此。

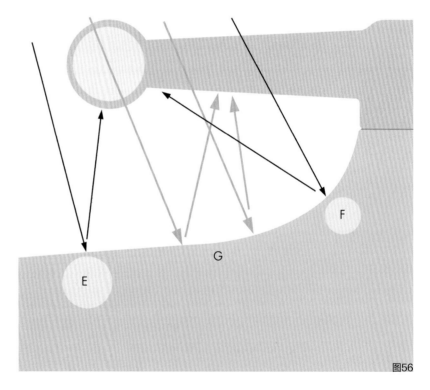

图56

图56简要画出了视线在剖面简图上的反射方向。在球底部的反射接近E点和F点的位置（图55），其支撑是从右侧E点和F点所在面反射出去的视线，在这里，两条视线都反射回同一个球底。G点是视线反射回延伸到球臂的同一点的位置。这就是反射翻转的点。

7.9 反射水塘和水洼 👁

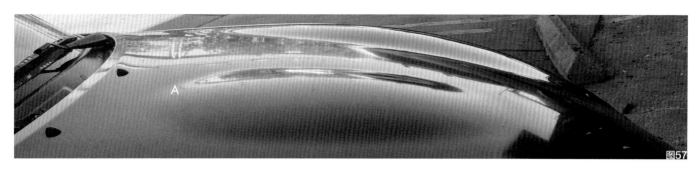

图57

图58

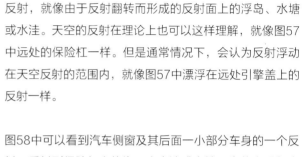

水塘和水洼是汽车专用术语。是指环境或汽车其他部分的反射，就像由于反射翻转而形成的反射面上的浮岛、水塘或水洼。天空的反射在理论上也可以这样理解，就像图57中远处的保险杠一样。但是通常情况下，会认为反射浮动在天空反射的范围内，就像图57中漂浮在远处引擎盖上的反射一样。

图58中可以看到汽车侧窗及其后面一小部分车身的一个反射，反射到保险杠上的为一个水洼或水塘。为什么看起来是这样的？这完全取决于表面的某些部分以及实现反射的位置。对于水塘和水洼，就像上页提到的反射翻转一样。在水塘反射的上部和底部，实现反射到汽车的同一部分车窗上，确定了反射的上半部分和下半部分，只是倒置了而已。虽然在反射的中间，视线反射到车窗同一个位置使反射看起来对称，将车窗周围的线重合为一条围绕在反射水塘周围的连续线。

观察图59和图60，这个现象可能更加明显，因为灯柱的反射就像前页提到的球的底部。同一个柱子被反射到两个凸面形状上的A点和B点，然后又反射到凹面形状的C点。与凸面形状上A点和B点的凸面形状的反射相比，凹面部分C点的反射是倒置的。图60中，镜面反射和两个反射重合成为一个，可以分别在D点和E点看到。

尝试在周围找一找更多这些类型的反射，增强自己对反射的意识。

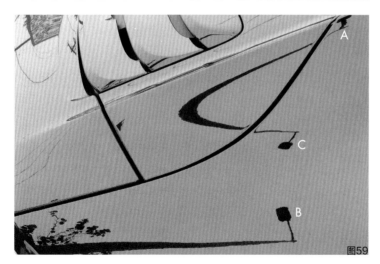

图59

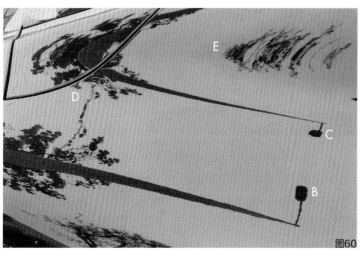

图60

7.10 光的反射 👁

当光源照射在反光的形体上时，它几乎总是反射层最明显的部分。因此，值得对其特别关注。图61非常清晰地展示出，与亚光面阴影（被动高光）的最亮区域相比，光源反射的位置可能出现在一个完全不同的位置。观察看到太阳的反射非常接近石头球体的明暗交界线。记住计算太阳的反射位置是根据视线从光滑形体反射到天空太阳所在的位置，而不是光线垂直入射到表面的点。这就是计算球体最亮部分亚光面明暗程度的方法，该亚光面位于最亮部分后面，从这个角度看不到。要想检测某物是反射还是亚光面的一部分，只需移动头部即可。如果明暗区域移位，看到的就是反射。例如，假设围绕图片中的球体走一圈，明暗交界线和投影的位置不变，但是太阳的反射会大幅度移动。考虑反射面和亚光面时有很大的区别，虽然大多数情况下它们共存于同一个表面上。

图62显示亮面上的划痕是很显眼的，由于反射的高度对比，这些划痕在光源的反射中最明显。

图63是光源反射形成不同形状的一个很好的例子，因为它将一系列窄长的荧光灯反射到室内空间的天花板上。这里需要重点观察的是，反射光线帮助表达形体。其作用就像线条画里的截面线，它在整个汽车表面缠绕和弯曲的方式是传达汽车形状的不可缺少的视觉线索。设计反射的形状，特别是光的反射形状，再强调也不为过。

图61

图62

图63

7.11 反射面的反射 👁

渲染反射面的反射具有挑战性,因为反射这些正确逼真的颜色和明暗关系可能会让人惊讶。但是多知道一点的话,理解起来就更简单了。图64显示铬排气管(A),它侧面有一道鲜绿色的反射。但是,当这些同样的铬排气管反射到引擎盖上黑亮的油漆上时,看起来是蓝色的(B)。这是怎么回事呢?这是双重反射现象。

图67的简单横断面图展示了视线是如何从镀铬面的侧边向下反射到绿草上的。其他视线从黑漆上反射出去,向上反射到铬,之后再次向上反射到蔚蓝的天空。同一环境的不同部分就是这些反射颜色的来源。

图65和图66显示出现双重反射。铬两部分的反射显示为黄色(C和D),但是绿漆中这些铬部分的反射都是蓝色的(E和F),以双重反射的形式反射天空。思考这些反射类型最容易的方法就是通过画出一个像图67一样的简单横截面图来计算反射。另一种方法就是想象自己站在第一次反射在汽车油漆上的点,向上看镀铬面。记住"同进同出"原则,这样就容易想象视线向上反射到空中,而不是向下反射。

图64

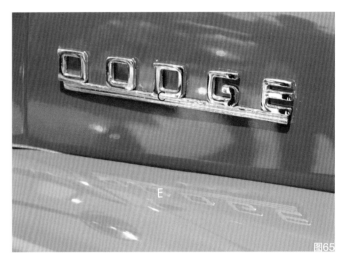

图65

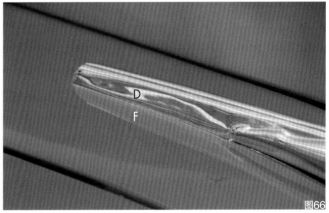

图66

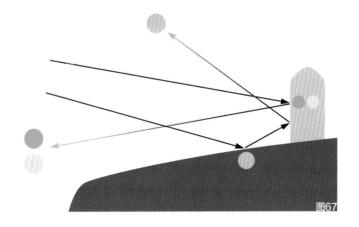

图67

7.12 图案的反射 👁

渲染反射时，将可能存在于其下方的图案模糊化是很重要的。图68的火焰沿着汽车的侧边延伸，但是随着反射强度的增加而逐渐消失。图69和图70中头顶室内灯的反射使底漆层的图案变得模糊。同时也注意到刺眼的光是如此强烈，即使视线与这些汽车

的顶部非常垂直，但是光源的反射依然可见。这也是为什么在单独的层中渲染光源的反射是好主意，而不是在环境其余部分上渲染。

图68

图69

图70

7.13 反射面上的投影 👁

渲染反射面上的投影通常是容易忽视的点，特别是使用传统工具渲染时。在数码软件程序中使用图层渲染时，它有可能以亚光层的一部分出现，这是一个好开端。注意反射在这些投影中是如何变化的。本页中的图片都是金属漆面，特别能够说明这些投影中反射的颜色是如何与明亮区域不同的。（图71~图73）看看反射天空的地方多么蓝。要想更好地控制这些渲

图71

图72

图73

染区域，隔离开投影形状并将其放在一个单独的反射层上是一个好主意。图71中投影更像喷了黑色漆的面，它有很少的亚光面明暗改变，就像铬一样。菲涅尔效应和平常一样，但是由于这些投影中没有反射的阳光，所以看起来非常蓝。

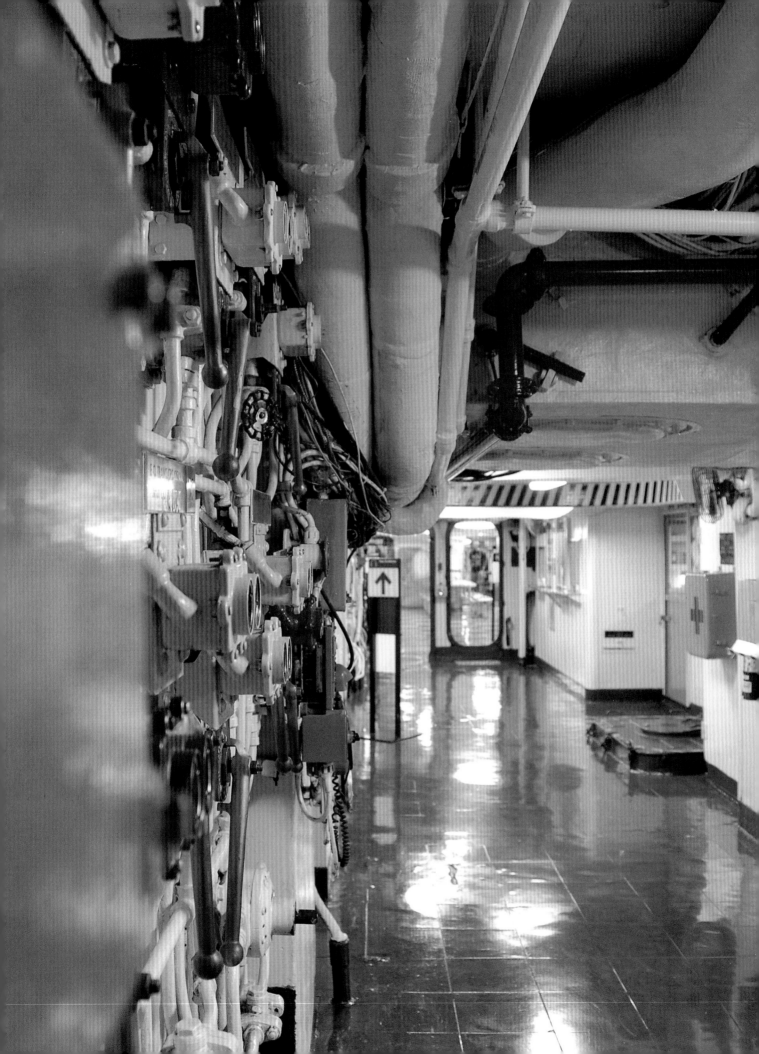

第8章　反射：室内场景

本章解释如何渲染室内环境中的亮面。因为物体周围的环境驱动
反射渲染在透明涂层上，这些渲染成功的关键是设计能够提升物
体设计的室内环境。

8.1 理解场景 👁

了解环境及其中的光源形状和类型可以让渲染反射容易很多。图1显示了MODO这一3D建模渲染程序中的简单室内工作室场景。包含一个鸡蛋形状的红色形体，漂浮在地面上。该地面向后延伸，然后弯曲并沿着墙向上延伸。该形体不完全是鸡蛋状，在一侧有隆起。该场景周围的工作室是黑的，其上方有一个矩形的柔和光源，向下照射该形体。

其次，可以通过几个图表来说明视线反射到环境中的位置，从而更好地理解场景（图2和图4）。这个场景搭建非常简单，通常效果也最好。

图3是最终的MODO渲染图，显示灯箱反射的位置。大块反射高光的弯曲度说明该表面是弯曲的。内部形体的小块反射高光说明其形体有局部是隆起的。

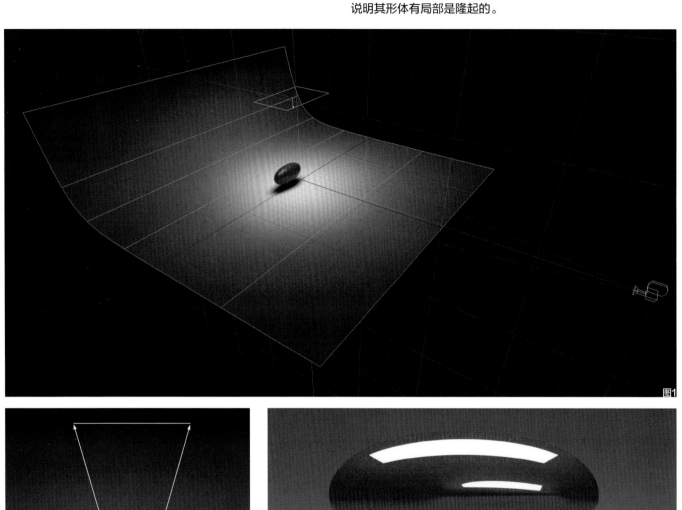

图1

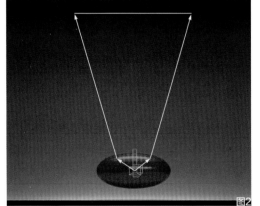

图2

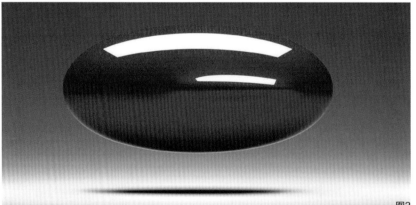

图3

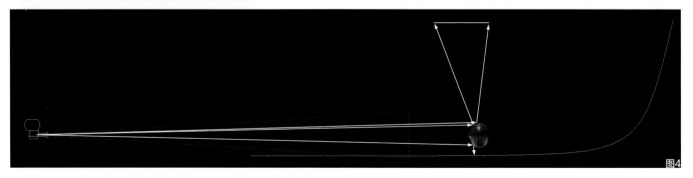

图4

8.2 数码软件分层方法

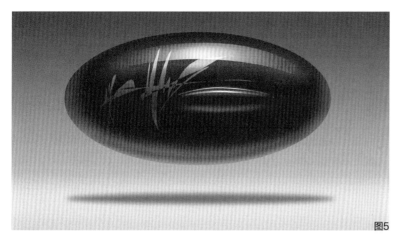

图5

图5中，在Photoshop中渲染了同一形状，想象其与前页形状的基本环境相同。这个渲染练习和第7章发光的台球非常像。仍然是Photoshop中非常简单的分层方法。首先，创建一个亚光面的基层，然后在其上再设两个反射层，作为背景反射和光源反射。

图6

这个头盔表明使某些东西看起来反光是非常容易的。所有反射都归结于Photoshop中的两个基本图层，一个是前面章节中讨论过的、具有所有形状和亚光面阴影的基层，另一个是反射层，本例中是单个白色灯箱。

先渲染基层，显示物体和其形状的局部或真实颜色（图6）。在这个头盔的例子中，使用大于50%黑的数值范围，对比非常强烈。因为不用担心阴影区域的图形或切线，所以可以加强对比度。为使其看起来光滑，仅需在基层上添加一个透明涂层的图层（图7）。红色图层的大部分依然可见，帮助显示物体的形状。将透明层"打开"，看起来温润或光滑（图8）。就像在红色亚光物体上喷涂一层透明涂层或水一样。头盔周围所有的环境都反射在透明涂层上。

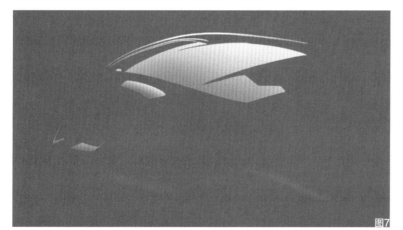

图7

该头盔处于黑暗的工作室环境中，就像下一页中一样，上方有灯箱或天窗。反射层只有白色。只有一个灯箱反射到头盔，仅这些就足以欺骗大脑，使其认为头盔是光滑光亮的。

图8

按照反射在其自身图层上的这种方式使用Photoshop的一大优势在于，如果客户不喜欢红色，可以很方便地替换为其他颜色，该渲染还有效。更改颜色花费的时间很少，很多变体很快就可以看到。在数码软件渲染出现之前，变换颜色意味着要从头开始渲染。将头盔更改为蓝色意味着重新开始再渲染一遍。

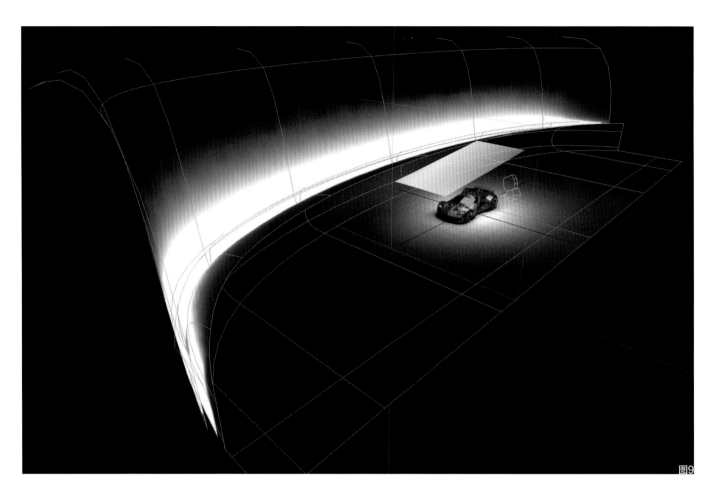

图9

图10

8.3 分步渲染室内工作室

本示范继承了前面几页同样的基本环境，只有一个改变，现在在车模后面有两面墙，一盏灯向上照亮后墙，见图9。这个环境在第181页底部（图16）Photoshop渲染的基础上建立。首先进行Photoshop渲染，渲染时大脑中想到的是工作室环境。具备本书和《产品概念手绘教程》的知识，艺术家能够学会在2D中思考和渲染，就像MODO一样的3D计算机程序。使用不同的车模，移动3D设置，呈现出模拟2D渲染的颜色、光照和反射形式。

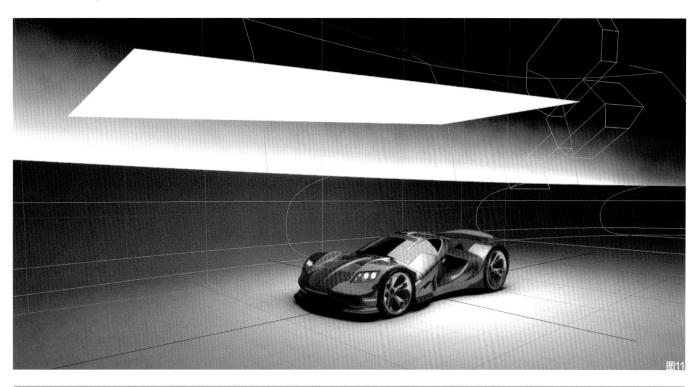

图11

1 – 画线条和设计

2 – 了解周围环境

3 – 呈现和计划

4 – 设计和放置光源

5 – 亚光质感渲染

6 – 着色和添加细节

7 – 绘制并叠加反光

8 – 用图层蒙版做菲涅尔效应

9 – 背景细化

10 – 最终图层调整

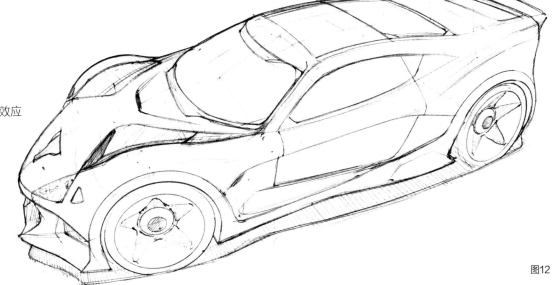

图12

以上是渲染这种类型的反射时所要遵循的步骤。画线稿是第一步，不需要比这个更严谨。（图12）如果图片的宽度大约在8英寸，就要扫描一个分辨率在300到400dpi之间的设计图。通常来说，高分辨率在某方面更好。极值点是当电脑开始由于高分辨率图片的文件太大而减速时。每台电脑都是不同的。为了稍后打印没有噪点和边缘锯齿的图片，分辨率应该在打印大小的300dpi左右。例如，一个分辨率为300dpi、宽度为10''的图片，为3000像素。

图13

图13显示的是步骤2-5。前两页描述了周围环境和光照。此处画的是基于线稿画的基层亚光面阴影关系。可以使用路径来渲染干净的边缘，也可以徒手完成。将底漆层渲染为亚光面，应用本书前半部分的知识。使用柔和的光从上面照射，渲染内饰，不加任何玻璃质感。通常为这个汽车设计一个很深的饱和橙色，所以汽车亮部的明暗非常暗。

图14

图14显示的是步骤6。为灰阶亚光面层着色并添加细节，还添加了一系列的车轮照片来增加真实感的错觉。现在，窗玻璃是不透明层，之后会变为"叠加"模式来实现具有说服力的彩色玻璃的感觉。如果玻璃透明且仅带色彩，这层就使用暗灰色，将其设置为"正片叠底"模式。颜色叠加和正片叠底层可以同时使用。然后添加"颜色减淡"图层，为底漆带来更多金属表面的感觉。参见第202页学习更多关于金属表面渲染的知识。

图15

图15显示的是步骤7，此处添加了反射层。每个反射都在其自身的图层上，光照在一层，近处的地面反射在另外一层，背景在另一层，光照渐变，而背景在另一层。绝对不能叠加反射层。反射层应互相对接，边对边。出现在不同的图层上时，这些反射层就更容易控制了，它们结合起来形成周围环境的整体反射效果。

图16

图16显示的是步骤第8~10。每个反射层都使用了一层图层蒙版，其被喷枪喷涂以隐藏每个图层的部分，形成菲涅尔效应和真实感的错觉。最后调整整个图片的颜色和背景。本例中汽车后部后面的背景被稍微点亮，用于更好地显示汽车轮廓。

视频讲解

第9章　反射：室外场景

渲染室外环境中的反射形体要求使用和室内环境中相同的基本渲染步骤，但是有两点不同。首先，光源通常是太阳，其形状明显与头顶的灯箱或天窗的形状不同。其次，天空是变化不定的。渲染天空的反射会有些曲折，因为天空的颜色随着时间的不同而改变，并且还有渐变。渲染时，通常推荐使用无云的蔚蓝天空。让我们开始学习在渲染室外环境中的亮面时需要考虑的调整措施。

9.1 理解天空的反射 👁

图1和图2为镀铬面，其严格来说反射的就是周围的环境，只是有些暗。观察一下天空反射呈现的渐变效果。因为是铬，渐变不会因为反射的强度使整个形体像在突起的面上一样发生改变。反射有渐变是因为天空本身就有渐变。越向上越暗，水平线处最亮，此处尘埃、烟雾和水汽最浓（图3）。因为在镀铬面看到的渐变不是由菲涅尔效应造成的，实际上是天空中的渐变，这导致渲染起来有些难度。

渲染地面反射，就是在反射层上克隆一块地面。记住将反射在数值上至少暗化半步，使其看起来像真的镀铬面。

图5和图6显示的是湛蓝天空的一个大截面。可以看到水平面上的天空比头顶上的天空更亮。这种渐变始终存在，无论太阳在天空中位于何处。如果天空很朦胧，那么太阳周围就会有一圈强烈的光，比在晴天时影响的天空面积还要大。出于渲染的目的，透明湛蓝的天空比有云彩的天空更容易渲染。（图4）

记住这一点，然后观察图7的枣红色汽车。在透明漆面上呈现出来的强烈菲涅尔效应实际上是菲涅尔效应和天空渐变之和。视线更多地在屋顶周围附近向上反射到天空的暗部，然后随着屋顶面远离视线，继续反射到天空稍亮的部分。这种天空渐变的反射为菲涅尔效应增添了一种双重感觉。

开始在室外环境中渲染反射形体时，天空是最难的部分。需要多练习才能擅长预测视线从形体反射到天空的位置，才能知道那个点天空的数值和颜色。

在图1的铬球中，太阳的反射由一块泡沫塑料遮挡，所以更容易看到天空的反射。将这个区域与地面反射的区域和第159页图26场景中球体周围的后墙面相比，明显看出渲染天空需要更多努力。

欢迎进入室外环境中反射形体的渲染。

图1

图2

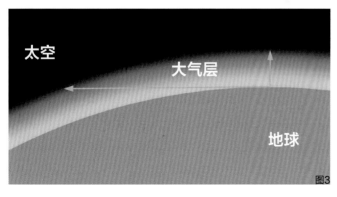

太空

大气层

地球

图3

图4

图5

图6

图7

铬球是天空渐变的一个范例（图8和图9）。翻到第159页图26可以看到地平面的反射和每个球体周围的黑纸墙在数值上是一致的，几乎没有变化，而不像有巨大数值变化的天空。就算投影阻断太阳，天空的反射也不改变（图8）。请寻找本图片中镀铬面上的投影。只有在A点附近，投影阻挡反射阳光的地方，投影才真正可见。

正如室内环境中的球体一样，无论底漆的颜色或数值是什么，环境的反射都相同。图10、图11和图12显示出太阳照射在球体上时感知到的天空反射的强度及未照射在球体上时的区别。图11中整个场景都处于阴影中的位置，天空看起来最强烈。这是由于底部黑色的较暗数值和天空的较亮数值之间的对比有所增强。可以在图10中看到相似的效果，球体左侧B点附近有一个非常亮的地平面亮部反射。要想增加一个面的感知反射，就要增强反射和底漆/局部值之间的对比度。

图13

图17

图14

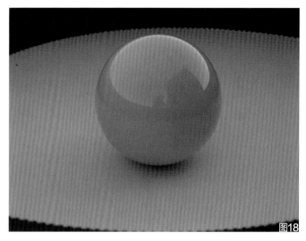

图18

图15

正是潜在颜色的数值和反射数值之间的不同使其看起来像球体的面（图13-图16），实际上其暗部比亮部更亮。

图17和图18表明这个设想是错误的。球体整个面都是反光的。利用数码软件工具渲染反射形体时，只需要像第8章一样在亚光面上面铺设图层即可。这种投影区域更加反光的幻影自然产生。若使用传统媒介，可能更加困难，需要更多计划和可视化预览来实现同样的幻影。

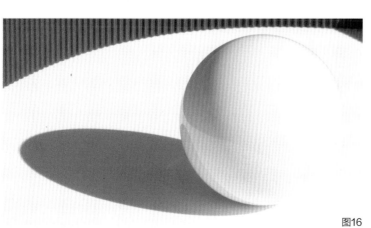

图16

9.2 分层方法

将这些类型的亮面渲染成两层，一层是有形状和颜色的亚光面，另一层带镀铬面反射，这样形成的结果与现实非常接近，没有必要参考照片。尝试发明前所未见的东西时，这些技巧就派上用场了，甚至可能会用在不存在的地方。

图19和图20显示Photoshop中的两种不同的图层。该素描相当松散，仍然可以看到漂浮于渲染之上。当然，这样减少了些许真实感，但是仍然意味着不必担心擦除有路径/选择的边缘。图21是一辆具有金属色泽、发亮的红色汽车，其结果仍然非常具有说服力。

对于新手，为底漆渲染出单独的图层是一个好方法。然后像图20一样，渲染整个镀铬面，以使表面看起来100%反光。

然后可以擦除或罩住铬层，显示出下图的底色图层。使用Photoshop中的图层蒙版比橡皮擦除更有效，因为遮罩允许返回，表现出小的细节，如有必要，可以稍后增加铬层的透明度。如果仅仅擦除，就不会出现这一效果。

遮住铬层后，结果对于快速彩色素描是非常具有说服力的。如果将所有的东西都渲染在一个图层上，在底色和反射色之间，很多混合在一起的美观颜色是很难实现的。

图19

图20

图21

9.3 室外场景渲染步骤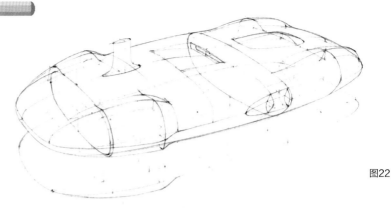

本示范经过每个步骤来渲染室外环境中的反射形体。分层方法之前在第167页已经介绍过了。

开始画线条画。对形体部分越了解，设置反射就越容易。记住，设置反射就是预测视线从反光面反射到环境中的位置。（图22）

图22

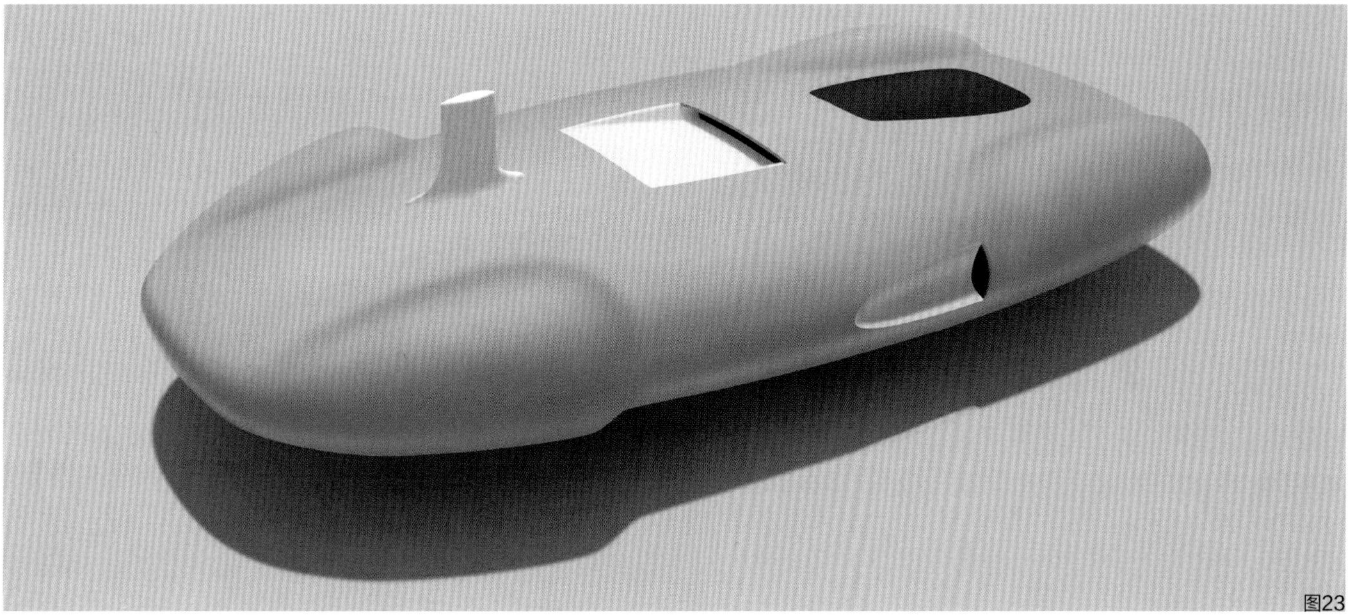

图23

使用路径设置层次，所以很容易保持边缘干净。决定太阳的位置。该形体以一个亚光面开始，所以就可以应用本书前半部分学到的课程。利用灰阶构建形体（图23）。

为亚光灰层着色（图24）。记住颜色和数值是如何相互关联的。要想得到这个深褐色的颜色，必须通过降低该图层的白点来调整灰色图层的数值。

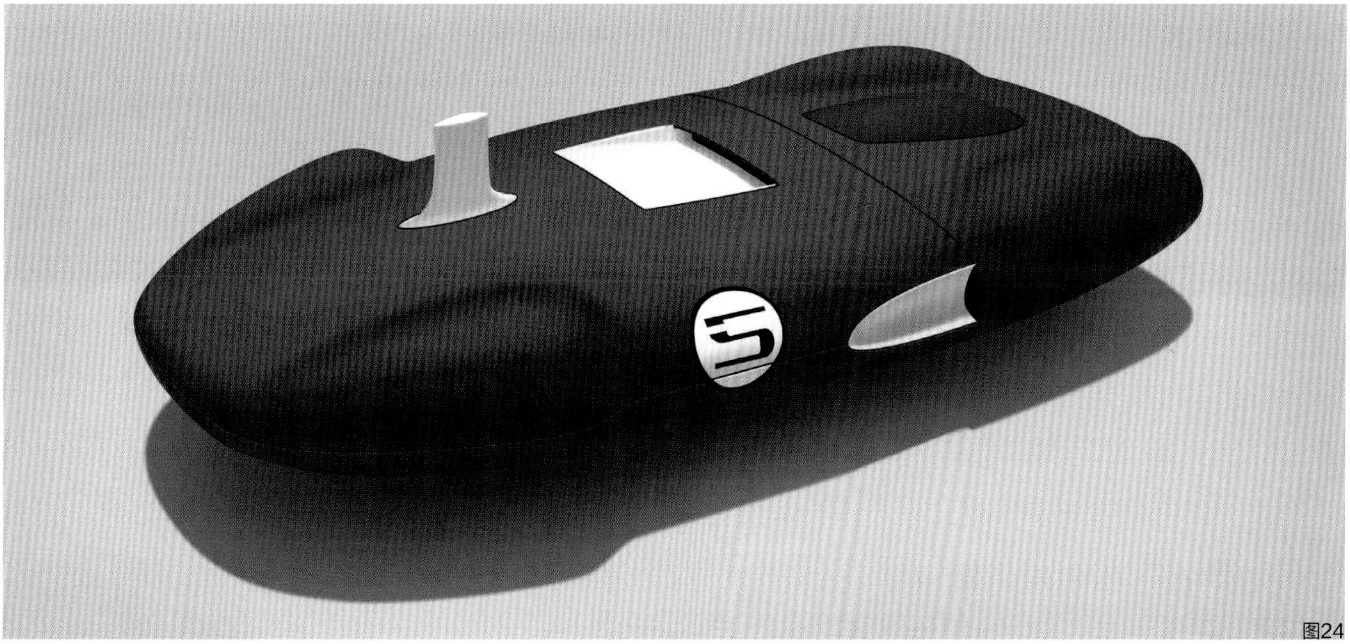

图24

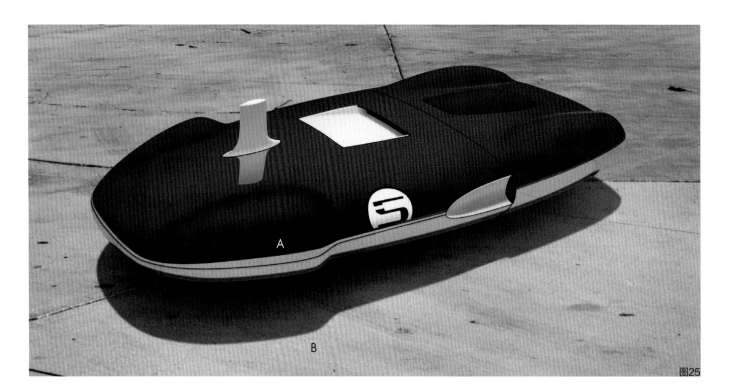

图25

如图25，这个周围环境是经过简化的。天空透明，太阳直接位于头顶上。地面与物体周围远处黑暗的矮墙结合起来（非拍摄）。使用路径隔开反射层的边缘。视线从形体反射至与地面平行的地方，渲染远处墙（A）的反射。在其下面，前景反射到形体上，形体在地面（B）上多了一个阴影。注意一条切线穿过该反射。

图26

如图26，接下来是天空反射。对视线从形体反射到天空的位置部分做出有根据的猜测。这比地面更难渲染。地平面反射仅仅经过剪切并复制到反射层，将层次调整为稍暗的程度。天空对其产生渐变，现在开始渲染颜色和数值。天空中留下的黑洞是挡泥板形状反射物体其他红漆部分的位置，就像第169页观察到的水洼和水塘。

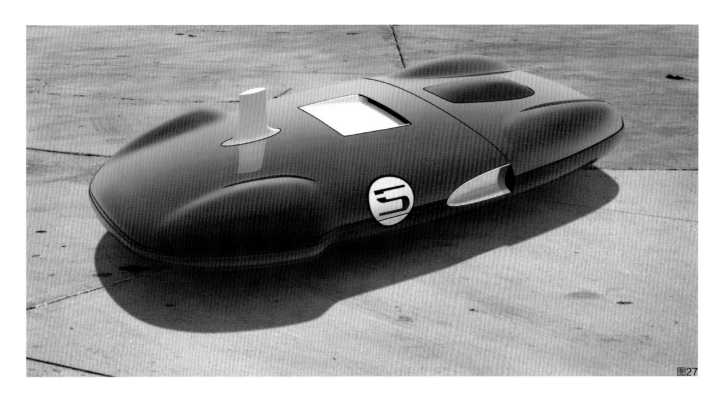

图27

如图27，铬反射层完成后，渲染图层遮罩引入菲涅尔效应。记住如果在多于一层上渲染，反射绝不能互相叠加。尽管为了更好地控制渲染而将其置于单独的图层上，所有这些反射仅代表在单个透明图层上的反射。如果互相叠加，调整单个图层的透明度，这些叠加就会显示出来。

图28

最后一步要添加太阳的反射。晴天时，太阳并不改变天空的颜色或数值，除非在清晨或黄昏的时候。该部分的形状影响太阳反射的形状。在球形上，其形状是一个圆形，但是此例中太阳的反射被物体凸出的形状稍微压缩并产生倾斜，如图28。

9.4 内维尔 · 佩奇如何渲染眼睛

生物和概念设计师内维尔 · 佩奇再次分享了他渲染本例中反光眼睛的方法。

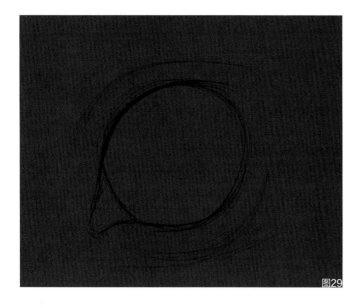

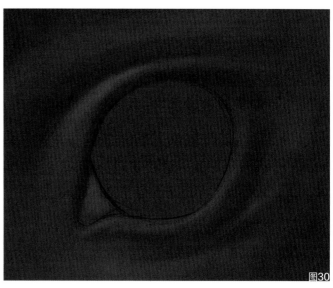

这是一个简单的眼睛设计。我倾向于在Photoshop中数值稍暗的背景下创作。（图29）

使用简单的刷子，用一点光和暗值画出一些形状的草图。（图30）

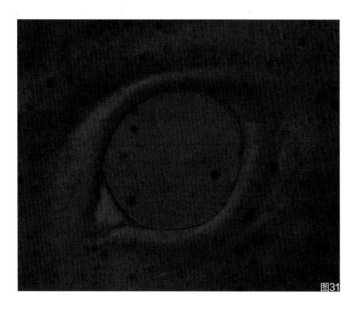

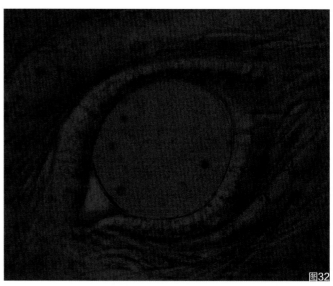

仅使用少许纹理将该表面稍微分裂开来。（图31）

现在，单调乏味的就是画出所有的皱纹。此处的关键是有一个好的参照物。（图32）

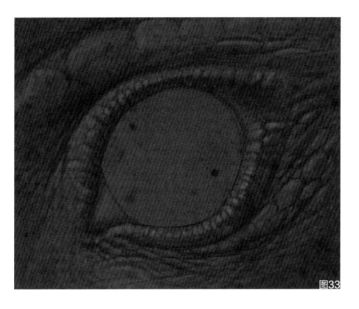

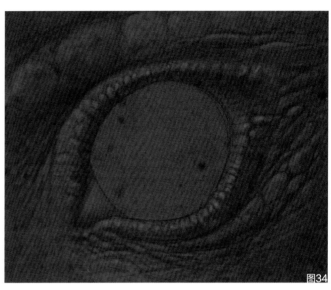

确定后，开始渲染每个皱纹和刻度。这里可能会花费几个小时，但是这是一个简略版，能够看明白即可。（图33）

颜色太单一，所以添加一个图层来调节颜色。（图34）

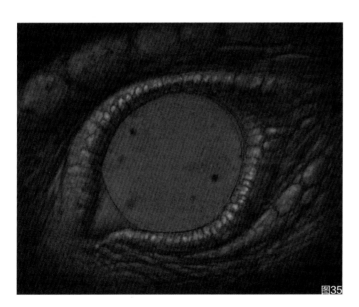

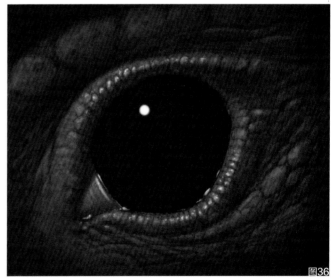

调整对比和饱和度，这样眼球就有了背景。（图35）

在眼睛区域喷涂纯黑色，然后在第一反射高光处涂色。（图36）

图37

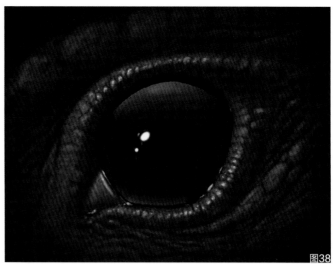

图38

下一步绘制使眼睛"瞪大"。反射！理解角色所处的环境非常关键，然后将其映射到眼睛上。参考第7章。其实我截取了第168页的黑球，将其作为眼球。（图37）

考虑到潜在的环境，我画了两种简单不同的场景：室内摄影工作室（图38）和外部环境（图39）。

添加这两种简单反射层的任意一种都可以提供完整眼睛的感觉。现在可以在反射层下方构建和放置任意巩膜和虹膜。

图39

图40

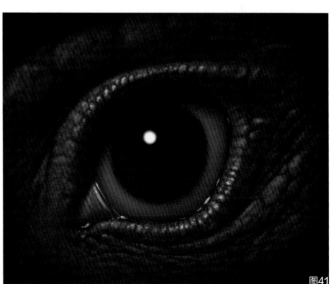

图41

为此，我画了一个基础的眼睛。这是简单的渲染，但仍为传递真实感产生了足够多的细节和准确度。（图40）

图41使用单反射高光的基本技巧。

室内环境

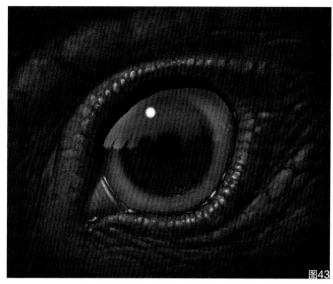

室外环境

下面的图44是最终插图。

第10章　渲染具体材质

前面已经介绍了渲染反光面和传达明暗变化的形状的基本原理，可以不同程度地应用这些基于物理学的渲染原理来表现任意材质。本章中选择的材质是一个美观的横截面，但绝不是一个包罗万象的清单。本章通过设计帮助增强一些更加常见材质的细微差别和相似处。提高观察技巧，应用渲染知识，理解这些新材质会使你的渲染看起来更加丰富。渲染材质之间的区别可能很小，所以需要特别关注每种材质的特征。开始创建一个好的图片参考库。渲染抛光后的铜、金和黄铜这三种材质之间微妙的颜色变化和效果，是需要通过努力学习研究渲染的不同技巧才能完成的。那就让我们开始接下来的学习吧！

10.1 金属漆

图1

图2

金属漆区别于目前为止所教授的内容。它影响面漆，但不影响其上面的清漆。（图1）视觉上，金属漆面经常会覆盖坚固的清漆，在视觉效果上胜于环境反射的清漆。整个过程为，金属面漆上有很多浮在其表面的微小的反射颗粒。当将其喷涂在一个表面上时，会以不同的角度落在该表面上。（图2）

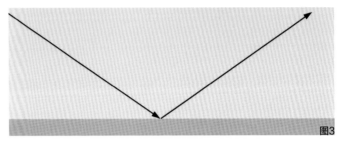
图3

通常，当垂直看某些发光的东西时，你的视线会直接反射回到自身。当以34°入射角看该表面时，你的视线从那个点以同样的角度反射出去，即34°（图3）。当你观察那些细微漂浮的反射颗粒或者镀层金属表面时，视线从那些细微的反射颗粒反射到不同的方向（图4），其中很多不可避免地会将视线从一个光滑的非金属漆表面反射太阳或者光源。观察此类金属表面时，与光滑表面相比，太阳的反射或其他光源会明显加强。

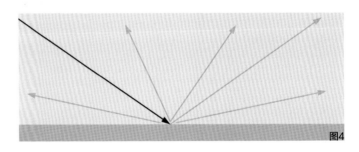
图4

图5是经过喷砂冲压铝的金属材质。观察一下是如何将太阳反射到该表面更多区域的。太阳的反射强过蓝天的反射。光又赢了。金属面的喷砂使其变得粗糙，导致视线四处反射，特别像上图1和图2中面漆的镀层金属。

金属基层有微粒。在Photoshop中为基层添加"杂色"，可以实现同样的外观。但是，图片必须经过高分辨率的打印或投影才能使"杂色"层可见。

图5

为表现出镀层金属的这种效果，首先看清漆，在其反射太阳或者其他光源的地方，在面漆层细微地将这种光的反射扩展到涂层上，利用"颜色减淡"获得光源的颜色。图6中，红色汽车肩线有很多光的漫反射，其面积比光在清漆上的镜面反射大得多，后者只是一些小点。该金属效果独立于其上层清漆反射的强度而产生。

图7中，蓝色汽车显示了太阳在亚光金属面上反射的效果。还没有向面漆上喷清漆，所以很容易看到镀层金属的效果。可以看出，在只有一个光源和无清漆反射的情况下理解汽车的形状是非常容易的，而不像处于更加复杂的室内环境中的红色汽车。

10.2 金属漆与亮漆 👁

这是个很好的示例，说明金属漆和面漆中镀层金属的光反射可以如何强烈。与下一页上的亮漆面对比。一小部分太阳反射仍然在整个形体上四处延伸，但这是由于清漆上的划痕产生的，而不是因为面漆中出现的镀层金属。几乎所有汽车油泥比例模型都是按照金属光泽效果来评价的，这毫不奇怪。金属漆很少反射周围环境，更多地反射光，反过来增加整个面的光影变化，更容易评价模型的形状。如果为一个汽车喷漆来显示其形状，不要将其喷成亮黑色的，而是喷成金属银或金属金色。亮黑色无法很好地显

示形状，正如穿一件黑色毛衣不如白色毛衣更能显示出褶皱和形状。（图9~图11）

渲染金属漆黑的反射时，圆角和半径反射光的方式是相同的。（图12和图13）按照同样的方法渲染，但是记住截面的曲度决定光源反射的宽度、本影和环境反射在清漆上的变形。这一点在渲染时很容易遗忘。当圆角很小时，太阳的反射就很弱。截面越柔和平坦，渐变变化得越慢。按照形状的截面决定所用喷枪的大小。（图14~图19）

图9

图10

图11

图12

图13

图14

图15

图16

图17

图18

图19

10.3 数码软件渲染金属效果

金属效果出现在面漆层，以光源的强烈漫反射为特征，增加了形体表面的整体对比和数值变化范围。单纯凭借增加亚光面面漆的对比度数值是不可能实现这种效果的。对比度增加是由光的反射造成的，反射可能发生在物体亮部的被动高光相同的位置，也可能不发生。记住反射高光的位置是以视线反射回光源的位置为基础的（见第54页）。同样，渲染出这种效果最好的方法就是，思考太阳在清漆面上的反射位置在哪里，然后将面漆的颜色向光源的颜色倾斜，将太阳的反射拉伸到物体的形状上，见图21。

使用喷枪的"颜色减淡"模式或在底层上面添加一层"颜色减淡"层时，最好使用喷枪的透明度设置，例如15%，因为很容易看出效果。对光源应该如何在整个表面上被反射出来做出最好的预测，然后稍微增加对比。现在添加任意专门的镀层金属效果，正如在第189页图8、第188页图1中看到的汽车绿漆一样。如果成品的渲染分辨率高，可以在金属漆层上使用一个精细的杂色滤镜来更好地实现金属漆及其上面的清漆之间真实感和变化。在手机或平板上使用H2Re软件观看本页两张图片的金属效果的渲染。（图20和图21）

下一页中图22的渲染使用了同样的"颜色减淡"来营造衣服上银色部分的金属色泽效果。将暗的亚光面材质放在金属材质旁边，这种材质变化呈现得更加明显了。

图20

图21

视频讲解

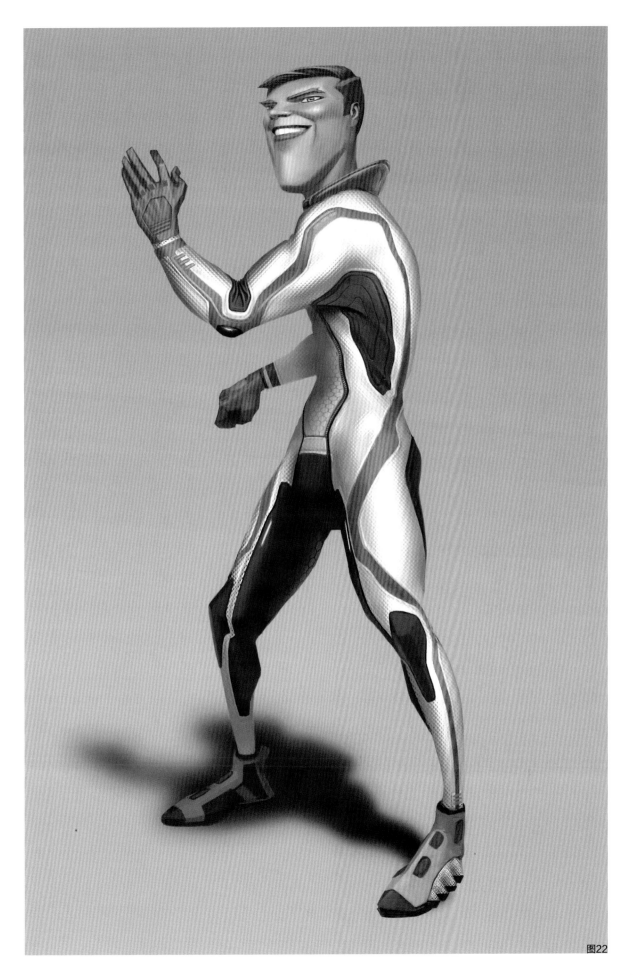

图22

10.4 半透明材质和次表面散射 👁

图23

图24

图25

半透明材质最难渲染。要使之容易些，可以参照一些好的照片或观察现实中的实物。有很多类型的半透明材质，最常见的是像皮肤或植物等有机材料（图26），但也可以制造出来，像蜡或图27中的红色塑料引擎盖标志。

这些材料尤其难渲染，是因为很难预测照亮半透明材料的光线的变化。光线穿透这种材质之后在其内部以不同方向散射，形成了发光的效果。这种材料内部的散射被称为"次表面散射"。

物体背光时（图23和图24），其半透明性通常更加明显。材料的横截面越薄，这种效果越明显。如果物体正面受光更多（图25），光四处散射会减少亚光面明暗变化的对比度。这意味

着渲染一个更弱的暗部和阴影。根据材料半透明的程度，有些光可能设法穿透材料，照亮投影，正如图27，该投影光照的颜色会匹配上半透明材质的颜色。

图28中，对比之下，如果材料是不透明的，投影和阴影比期望的要低。有机材料从内部发出些许有效的光，减少了期望的数值变化。

这些次表面散射效应可以非常不同和强烈，所以需要更加深入地观察自然界。再次强调一下，使用好的参考可以让你绘制的这些效果更加真实可信。

图26

图27

图28

10.5 玻璃和塑料 👁

玻璃和透明塑料可以遵循一些基本的、可观察到的特征以一种相当直接的方式进行渲染。玻璃是一种特殊材质，因为是透明的。大部分情况下玻璃也发亮，这个亮度的渲染方式和漆面上的铬反射层的渲染方式相同。

该反射最明显的部分是亮光区域被渲染的地方，就像太阳或明亮的天空，形成强光。这种眩光在玻璃本色和着色层上面呈现出不同程度的不透明度，也遵从和清漆相同的菲涅尔效应原理。在图29、图30和图34中可以看到强烈的菲涅尔效应，因此无论菲涅尔效应在何处最强烈，玻璃后面的东西是看不见的。反过来，无论反射在何处最弱，玻璃后面的东西是可见的。玻璃的A侧不太反光，B侧更反光。观察一下发现A侧可以看透更多东西（图29和图30）。

图29

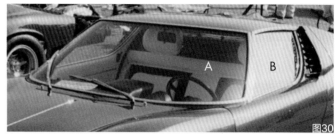

图30

图31

图32

图33

图34

图35

▶ 视频讲解

渲染玻璃的一个简单方法就是将其想成三层。第1层是色调，其构建方式取决于想要的色调，可以利用数码软件在玻璃后面添加"正片叠底"层，也可以只是按照传统方式暗化玻璃后面的所有对象。第2层是颜色。为玻璃着色，可以在色调层上将一个图层设置为"叠加"，也可以将玻璃后面的对象变成所需的玻璃颜色。第3层是反射层，置于其他层上方，用于模糊玻璃后面的部分对象。使用菲涅尔效应来控制反射的强度。

图36

图37

玻璃的平面就像窗户一样（图33和图36），可以非常强烈地反射太阳的强光或所有可能反射的光。这些平面距观察者越远，菲涅尔效应就越不明显。随着发亮物体远去，太阳在其上反射的面积随其表面增加。这似乎违反了直觉，但是实际情况是不同视线在远处物体上的入射角正在变窄，视线变得更加平行。这意味着这些视线的更多部分会反射回物体周围环境中的同一点。如果相比于物体离得很近的情况，更多视线反射到太阳，那么太阳的反射在其表面会显得更大。

折射

也必须考虑折射。折射是光线方向的改变，这种弯曲使得玻璃后面的物体看起来变形。图32和图37是折射的很好例子。图32中，驾驶座透明天棚后面的竖直电线杆和电线变形明显。玻璃越厚、光学矫正越少，折射越强烈。观察图37，玻璃杯左侧的反射非常明显。发现玻璃杯后面桌子上的红色刷子看起来向玻璃杯两侧弯曲得更厉害。这是因为玻璃杯的边缘是视线几乎与其相切的地方，这里有比玻璃杯中间更多可看透的玻璃。如果玻璃非常干净，那么就不必担心亚光面阴影。如果是脏的，那么玻璃上的脏东西会显示出像不透明体一样的亚光面特征。

10.6 冷光 👁

发光出现于物体表面，自身微微发光。这些光的形式有烛光、白炽灯、发光二极管、氖光、荧光，甚至生物发光灯。所幸的是，所有类型的光都遵循一些基本的物理规律，理解了这些规律，可以提高渲染的能力。

一个物体表面发光时，不会由于一两个可能照射在其上的光源而出现投影或任何形状变化。如果发出的光有颜色（图39），那么发出的光越亮，其颜色就会越大程度上改变温度。这就意味着彩光强度越低，其颜色越明显。随着彩灯越来越亮，其颜色通过色谱在最亮点转变成白色。图38和图40这个可以成为一个很大的研究课题。

下面这些书是其他关于辉光主题的好资源：《色彩与光线：写实主义画家指南》（作者詹姆斯·格尔尼，James Gurney）、《视觉与艺术：观看的生物学》（作者玛格丽特·利文斯顿，Margaret Livinhgstone）。

图39

图38

图40

将辉光的物体融入整个渲染中的最好方法之一就是确保从这些物体发出的光照亮其相邻的面。图41中，左上角的红灯罩内可以清晰地看到这种情况。图42中意大利佛罗伦萨的城市灯光照亮了云层的底部，路灯照亮了建筑物的侧面。

图41

图42

10.7 水 👁

图43

水相当有趣，因为其在不同情况下看起来有所不同。水有多清？有风吗？天空的颜色和明暗程度是怎样的？太阳在哪里？什么反射到水里了？所有这些元素结合起来使水的渲染成为一个有意思的、形式各异的主题。

图43中，观察一下太阳的反射在水里是多么强烈，一直延伸到地平线。当水面上有波纹时，光线以不同角度从这些波纹中反射出去，使太阳的反射看起来扩展到整个水面上。换句话说，观察者的视线从波纹反射出去，其中很多向上反射到太阳。如果波浪很小，渲染太阳反射时就使用与渲染金属面时类似的方法。与水面相当平静时相比，太阳的反射所蔓延的面更大。当水面非常光滑时（图44），可以将其渲染为一个添加了菲涅尔效应的简单的平面镜子。前景中被反射到水中的天空比远处视线与水面更相切的地方，反射更加透明。增加反射的不透明度，模糊水面下潮汐池的细节。

渲染平静或稍微有波纹的水面是一个相当简单的练习，所有的步骤都包含在图45中的视频里。渲染平静水面几乎和渲染玻璃或亮漆面一模一样。将水面下可以看见的对象置于一层，在其上设置反射层。最后，添加遮罩图层形成模拟菲涅尔效应从前景到背景的渐变效果。这样看起来就非常接近现实了。所有的变化都会存在，无论是在水的颜色和清晰度所在的基层，还是在反射变形可以根据风或其他影响水表面活动的大小来调整的反射层。

图44

图45

▶ 视频讲解

10.8 反射如何变形 👁

图46和图47中波纹平稳，从左到右只有一点"之"字形变形。图48和图50中的水面更粗糙，所以垂直方向上的反射变得更加弯曲。图49中，如果水是静止的，那么远处单点的光只会反射为水中相同形状的镜面图像，但是更多的波纹将视线散射回同一点光，在整个水面上将反射实际垂直延伸。

图46

图47

图48

图49

图50

10.9 水面上的风 👁

图51

随着风吹起来，水面可能变得非常粗糙，以至于很少视线反射到其周围环境中的同一位置。受水反射的天空的影响，水仍会有一种整体颜色，但是其反射会非常散乱，边缘更加模糊。观察图51和图53中的这一效果。同时发现实际上有一个可见的"风线"，在这里可以看到风扰乱水面，减弱反射。

当风真正开始加大时，这种效果增强，反射可能像图52和图54一样基本消失。建筑物的反射不可辨别，在看了本书中这么多美观的反射后，轮船的出现可能会成为一个小惊喜。这些图片表明渲染水的方法可以是多种多样的。这些例子有稍微呈"之"字形的反射，垂直伸展，在自然界中几乎完全看不到。所以，当决定渲染哪一个或哪个组合时，应用基本物理原理进行视觉研究，然后开始渲染并享受该过程。

图52

图53

图54

10.10 雨 👁

图55

图56

当一个地方在降雨期间或干燥期间是潮湿的，将其想象为整个环境被巨大的、反光清漆覆盖。截至目前所讨论的所有反射原理仍然适用。

可以将渲染方法选择为在整个场景上添加反射层。反射在潮湿环境中的效果根据表面的粗糙程度而不同。

当一个表面是光滑的，如图56中的A点，就会出现更小的、清晰的反射。该反射是镜面反射，因为水更深或者那里的地面比男人前面的地面更光滑，此处其反射变弱，变得模糊。

地面粗糙的地方，如图55、图57和图58，汽车前灯和尾灯的反射在湿的人行道上延伸，此处地面的粗糙纹理的反应正如第211页图48中的粗糙水面一样。

图57

图58

10.11 亚光漆面

制造的亚光漆面基本都是带有一点纹理的光面。纹理的疏密影响反射的清晰度，就像有水的人行道一样。图59和图60展示了黑色半光材料的两个例子。正如所料，每个汽车反射其环境，但是其反射比表面光滑、有光泽的情况更模糊、更发散。

若想在数码软件渲染中达到这一效果，首先要将表面当作镀铬面来渲染，然后将反射模糊到预想的程度。通过调整这层的不透明

度，使之多少有些透明，材料的反射率就变化了。若层次无法实现这样的组织形式，就需要手动做出一些细化的模糊效果。

当使用传统手段渲染时，从一开始就模糊反射。大多数亚光效果可以通过仅渲染最强烈的反射来实现，视线在此处与表面最相切（图61）。注意，光源反射的模糊形成了一种模糊的金属外观。

图59

图60

图61

▶ 视频讲解

10.12 纹理面

图62

纹理改变一个面的反射质量，反过来，反射率影响一个面纹理最显眼的地方。（图62）之前在第106页展示过亚光面的纹理在第2面最显眼。在一个圆面上纹理最显眼的地方就在阴影前面。

（图65）但是，在一个亮的纹理面上，纹理最显眼之处就在光源被反射的地方。（图63和图64）

图63

图64

图65

10.13 镀铬面 👁

在第7章，镀铬面的渲染实际上解释为一种透明涂层的渲染，但是还有一些方法可以使其真实感更上一层楼。一，使镀铬形体的轮廓消失并融为背景。（图66）二，使用分模线帮助解释表面形状的变化，因为多数镀铬面反射可能会变得非常复杂。（图67）三，确定反射环境的范围和明暗关系。（图69）如果镀铬面处于室内场景中，天花板是黑色的，有很多光源，不要在其上面反射

蓝天！图68说明镀铬面的颜色是高度依赖于其周围的物体的。镀铬面上的反射非常清晰，不必担心有阴影。如果镀铬面上有渐变，是因环境而产生的，不是因为菲涅尔效应而产生的。渲染镀铬面时慢慢来，可能会反射整个场景。在视觉上增加反射的复杂度会让镀铬面看起来更加真实。

图66

图67

图68

图69

10.14 青铜

若任意材料的底色正确，抛光或纹理的数量就是下一个要考虑的事情，完全通过反射渲染的微妙之处来体现。本页上所有的图片底色为看起来像青铜的深棕，但是每一个的抛光程度不同。

图71的面比图70的面干净、光亮，反射能够传递出这一点。在旧的青铜上（图72），只有光看起来被反射了（不是环境），有一种带绿的灰色颜色遮住了雕塑上的所有褶皱和裂纹。一个物体

图70

图71

图72

的渲染方式讲述一个故事，揭示一段历史。按照想象渲染由常见的材料制成的物体，如青铜，并将其置于想象中的环境时，一定要慎重决定如何渲染。本书中的技巧可以用来传递你想讲的故事。

10.15 金属拉丝 👁

金属拉丝的显著特点是：在金属中有小的、呈直线的划痕，其反射光，就像一系列非常小的、呈直线的圆柱形横截面。形成的不平均的反射被称为"各向异性"。要渲染这种效果，就要先渲染半光金属面并添加呈直线的划痕，在光反射最强烈位置旁，该划痕最显眼。划痕的作用就像金属面一样，从表面向外延伸光的反射。（图73）

如果在Photoshop中渲染，尝试在面上添加单色杂色滤镜，然后按照划痕的方向进行"动态模糊"。下一步，利用"减淡颜色"形成光源的明亮反射。光源反射的划痕的细微变化将这种材料与其他材料区别开来。（图74）

图73

图74

10.16 原材料和机器加工金属 👁

由于加工工艺的原因，很多加工的金属在高光下呈现出各种表面特征。这些小的划痕可能在较小程度上由多种原因造成，像用粗糙的布抛光或者与相邻面接触时产生的正常磨损。观察发现暖色调和冷色调之间的金属的底色不同。（图75和图76）通常，这是除表面光泽之外唯一可以表明金属类型的元素。图77中，比较尾管（A）、排空管（B）和油箱（C）的颜色。其基色稍有不同，具有不同的反射程度。

图75

图76

图77

10.17 铝 👁

渲染铝就像渲染亚光面一样简单，再添加上一点柔光反射。如果铝的抛光度很高，其渲染就像渲染铬一样。大多数情况下，铝呈现出轻微的半光、金属的样子。其灰色基色适中，既不过暖，也不过冷。与干净的铬面不同的是，要确保在其上添加投影和明暗范围，如图78展示的一样。这张图片相当旧，已经被风化了。铝越旧越风化，看起来就越不反光、越不光滑。（图80）铝是非常柔软的金属，正常的磨损就很容易使其出现划痕，所以经常磨损很容易划伤。如果想让零件看起来更旧，在高磨损的高光处添加过度磨光的区域和划痕会赋予其非常美观的光泽。由于抛光而产生的这些划痕可在图79中太阳更亮的反射中看到。

图78

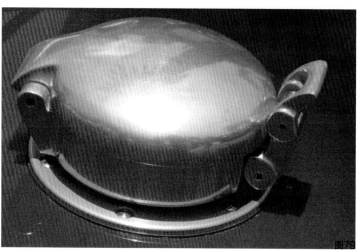

图79

图80

10.18 金

正如大多数金属一样，光泽根据年限、抛光和金属本身的性质而有很大不同。观察本页中四个在视觉上非常不同的金的代表。图81是更原始形状的例子。图83是一个意大利建筑物门上的古老

浮雕，几百年的风吹日晒，其反光性质已经减弱。将其表面抛光可暂时恢复反射，但是长时间反复这么做的话会使形体变得含糊不清，这个雕像的美也大打折扣。图84展示了金质材料的另外

图81

图83

图84

一个应用和呈现方式。贴在玻璃上的反光膜经过金属化的生产过程形成了金色。渲染这种金属膜用了与图82抛光金相同的过程。

渲染金或其他材料时，要找到代表其所处环境中合适的颜色和明暗程度的参考点。正如本页证实的一样，环境可以很大程度地改变金属的外观。记住，渲染任意金属面时，要保证底色正确，然后在上部添加反射，调整不透明度来确定抛光程度。

金是亮黄色的，如果直接从一个照片中取色样，就要从第2面上颜色没有被反射特别强烈影响的地方选取。选取图82上的A点就会导致颜色中掺杂太多蓝色，最终的底色会呈现出绿色投影。B点是比较好的参考点。选一个点或几个平均点，提供了金色最中性的局部颜色。因为环境的反射被添加在反射层，所以金的颜色会最终看起来更暖或更冷。如果使用数码软件渲染，在黄色的金上添加蓝天反射会融合为绿色。这种效果自动产生。绿色不必特别渲染，它是由两层混合形成的。

10.19 木材 👁

木材来源于很多颜色、数值和反射率，更重要的是其纹理使人能够立刻认出这是木材。渲染某种类型的木材，研究其独特的纹理类型是很重要的。（图85）在网上搜索"木纹"会显示出很多纹理的图片，这些纹理的外观取决于树木的砍伐方式。一个形体表面的纹理样式设计得越合适，渲染看起来就越逼真。准确渲染木纹最重要的一点就是要显示出端部纹理，如果原木的端部是可见的。纹理不会像贴花纸那样环绕一个角落。（图86）

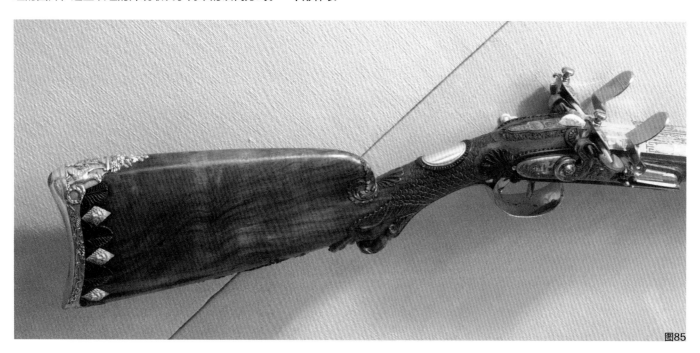

图85

图86

希望到目前为止，对于如何渲染不同材料已经给出了一种模式。弄清楚基础材料的局部颜色、明暗和独特的细节，然后在单独的层上渲染反射。记住，显示材料就是使观察者对它们具有足够的识别度和熟悉度，能够立即明白是什么材料。为创造真实感的幻觉，应用光、影和反射的物理原理。知道如何渲染具有逼真效果的面并不意味着这是唯一可用的表达方式。即使艺术非常抽象，快速显示反射、呈现木质或任意其他材料的外观时，如何使用大家都理解的视觉形式来进行渲染，甚至可以使用风格化的处理方式。

图87

图88

图89

图90

图91

锈是我最喜欢渲染的材料之一。将其添加到物体的钢铁材料中时，其立即赋予物体历史感，想象其背景故事也很有趣。例如图92中的锈就显示出这些材料很多年来无人问津，经历了风吹雨打，导致锈从铁栅栏上掉下来，在下面的水泥墙上留下痕迹。当添加锈的橘色和棕色时，想象是否下过雨，水坑在哪里？最后，锈水如何玷污周围的面形成腐烂？

水汽是形成锈的关键要素，因此在设计一个生锈物体的环境时要记住这一点。相比于处于潮湿城市中的物体，处于干旱沙漠中的

物体很少生锈。水汽以某种方式进入保护层，所以最可能在缝隙、一个面的分模线周围或在被太阳晒掉保护涂层的区域发现生锈。（图91）

生锈效果可以通过降低物体任何新面漆的反射率的方式添加到物体上，然后在上部将锈渲染成亚光面。增加锈迹的滴水线赋予其更多的真实感。锈通常有非常美观的颜色范围，从黄色到橙色到棕色。研究一些好的参考照片来熟悉正确的颜色和明暗关系。

图92

10.21 皮革 👁

渲染皮革很有趣，因为其存在于很多质地和反射率中。但是在渲染质地和反射率之前，必须要解决设计及所处环境的问题。是旧的还是新的，是厚的还是薄的，它是粘在一起的还是贴在另一个物体上的？皮包（图93）有接缝，此处很多小块被缝制在

图93

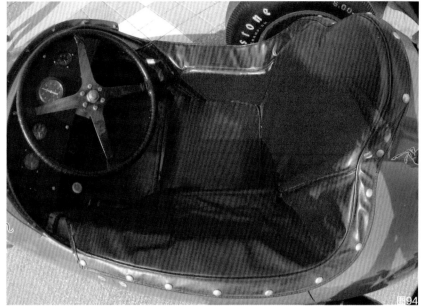

图94

A

图95

一起，上面有一个拉带。椅套（图94）通过按扣和车身贴合。接缝通过管线被隐藏了起来，这条管线需要被渲染为一个小直径的、活动的圆柱体。根据皮革的类型和用途，可能还需要渲染褶皱。这些褶皱可能由于一片区域的磨损造成，或以材料环绕一个形体的方式体现。如果不是为了在视觉上显示其皮革的质地，那么皮革方向盘（图95）就可能是塑料的。在A点附近有一些小的褶皱，在方向盘上也有一些红色针脚，两者都表明这是皮革材质。这些视觉线索与质地或反射率没有任何关系，但是与构造有关。皮带（图96）显示出一些美观的磨损，在穿过搭扣的地方拉紧，这样有助于传达该材料是皮革的信息。通常推荐参考一些好的照片开展渲染。

图96

10.22 布料 👁

和皮革一样，布料也有很多反射特性，从亚光的法兰绒表面到（图97）非常反光的像金属漆面的缎子。和皮革一样，关键是正确表现不同的材造面料。针线、接缝、纽扣、按扣和拉链都是很好的视觉线索。最重要的是布料如何罩在形体上。在下面所有图片中，观察不同布料是如何包裹其所覆盖的形体的。预测形体并

准确渲染，不需要参照物，是需要花时间和多加练习才能习得的一个真正技能。市场上有专门针对这个主题的书，如果对这个技巧特别感兴趣并想掌握，就应该购买相关书籍学习。拍照或观察某人的姿势就足以达到目的，然后参照渲染布料的结构形状变化。记住，正确渲染才能传达表面的形状，并增添真实感。

图97

图98

图99

图100

图101

10.23 碳纤维 👁

渲染碳纤维就像渲染织物一样，不同的是其结构是固定的，所以不需要针脚或纽扣。在向碳纤维注入树脂使其变硬、固定形状之前，材料的性质就像布料一样。可以在很多种织物和颜色中找到碳纤维，尽管最常见的颜色是黑色。碳纤维之所以独特，是因为基础材料中的织法是可见的，以及其反射光的特点。

纤维通常按行编织，彼此成90°角，呈棋盘格图案，如图102和图103这种织法由带有管状横截面的很小的纤维组成，由于织法中每行垂直相交，反过来会将光反射到非常不同的方向。通常只有一个方向行反射光源，其他行看起来稍暗。这就赋予了碳素纤维织法很多视觉深度，尽管表面可能非常光滑。渲染这种只有一个编织方向反射光线的碳纤维就足以说明这一点，能够做到完全正确是非常费时的。在数码软件渲染流程中，拍摄碳纤维织法的一个布块，然后将其卷起来，从透视角度看起来就像包裹着想要的形状一样。在Photoshop中使用"弯曲"工具，在织法图片被弯曲之后，在预计会在清漆中反射光的地方通过"颜色减淡"功能增加方格灯反射，然后在其上面添加清漆反射。观察图104中的效果。非常美观的菲涅尔效应出现在图104和图105中例子的清漆层中。这个技巧有相关的视频教程。

图102

图103

图104

图105

视频讲解

10.24 物体风化表面 👁 ✏

截至目前我们从本书中所获得的知识，都可以应用到一个渲染中。风化的表面通过凹痕、泥土、破损的油漆、锈或划痕等显示下面油漆的多种层次来显示年限。雨渍、排空管周围的黑渍，甚至轮胎上手写的记号都属于这一类型。从广义角度思考风化，而不是仅考虑天气是如何影响一种材料的，要考虑天气是如何在一段时间后与用户发生反应并创造诉说这些表面故事的机会。图106是破损边缘类型的很好的例子，这些破损边缘出现在把手和其他高度磨损区域周围。这架老飞机上的破损油漆说明这个面之前的颜色不同，或者在油漆上层下面可能有很多层底漆。这种类型的研究可以应用于像图107的渲染中，该图显示了一些破损的油漆用来彰显金属底料上面的底漆，以及一个喷了漆的、已经褪色并随着时间而剥离的图形。观看本页链接的视频教程，体会Photoshop中的这种分层方法。

在图108中用马克笔画的小草图中，车身侧面显示的锈和滴水线可以为物体增添很多视觉乐趣和历史感。表面通过日常使用，或者与其他物体接触产生痕迹，这些痕迹使得无生命的物体开始出现生机。风化表面使观察者感觉它的历史感。

图109中的铜像非常明显地显示出鼻子和爪子上部随着时间流逝已经磨损了很多。与显示泥土和污垢的稍暗凹面形状相比，一些凸面这时候反射率很高。物体这种表面性质的简单变化使人想知道，原因肯定是很特别的。这些信息由面的风化来传达。

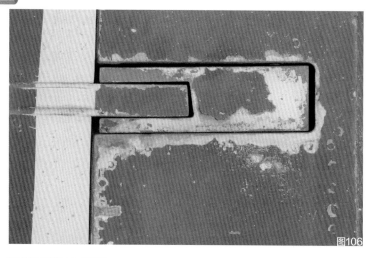

图106

图107

图108

图109

图110的渲染有一个完整的视频教程讲解，脏的金属面明显处于恶劣、布满灰尘的环境中。渲染场景中的天气对于解释为什么这些材料看起来是这样很有帮助。灰尘和碎屑四处吹散，打到机器人的身上，这样红漆部分为什么会剥落、褪色就变得显而易见了。另外一个为场景增添生机的方法就是渲染可视的风效。

10.25 相机特效：运动、泛光和闪光 👁

进一步深化这个概念，若想使渲染更有活力，就要添加运动模糊效果。这种效果常见于运动物体的图片中。在相机的快门开启和关闭的时间内，运动中的物体看起来是模糊的。图115中，宇宙飞船被渲染为好像相机随着飞船移动一样保持聚焦，背景和飘落的雪花看起来却是模糊的。如果相机的位置固定，飞船飞过，那么飞船和雪都会模糊，而背景将会聚焦。雪的运动模糊方向由相机移动的方向决定。如果固定住相机，那么雪在垂直方向上是模糊的，除非风很大。本例中，相机随着飞船从右侧移动到左侧，所以雪在水平方向上是模糊的。（如图111~图115）

图111

图112

所有这些旋转的轮子相对于相机的位置是移动的，同时记录了每辆汽车周边的运动情况。当拍摄旋转物体上的反射时，旋转的物体可能看起来像消失了一样，光源的反射可能混合在一起，从而形成神奇的"之"字形。

图114

图113

图115

光晕，有时也被称为"泛光"或"辉光"，是现实世界中相机的图像伪影。（图116）这种效果产生光晕或羽化效果，从图像的

亮区中心开始向外延伸，跨过这些区域的边界。这种效果给人一种极度亮光的幻觉，如图117一样使相机和人眼应接不暇。

辉光和光晕相似，但是通常认为光源从一个表面以高光的形式按照一定的角度反射。模糊边缘和光晕效果一样，但是只局限于辉

光边缘周围。可以在渲染的最后一步添加辉光，真正出现反射高光。（如图118-121）

10.26 景深 👁 ✏️

景深是指相机能拍摄到的场景中最远和最近物体之间的距离。尽管相机的镜头在技术上只能一次聚焦于一个深度，但是聚焦之前和之后的模糊可能很小，以至于人眼察觉不到这种模糊效果。

大的景深表明远处和近处的物体看起来都在焦点上。小或浅的景深在艺术手法上有时被用于吸引观察者对场景中某特定深度的注意力，此处的背景和前景可以进行模糊化并不再加以强调。

图123的焦点在蜥蜴的头上，超出该深度的背景就变得越来越模糊。这与应用于图122渲染中的概念是一样的。

图124出现了相反的情况。现在前景模糊，背景极度聚焦。下页图126的渲染中应用了同样的景深效果。前景中的元素是模糊的，背景中的汽车在焦点上。

图122

图123

图124

图125

浅景深可用于帮助观察者集中关注图片中的某个部位。与焦点之外的区域相比，清晰聚焦的区域总是会博得更多的关注。使用这个相机效果为你的作品增添更多的变化和乐趣吧。

图126

第11章　渲染实例

本书是介绍渲染的基本原理，没有足够的篇幅将专业商业艺术家和设计师的先进工作流程技巧包含进来。最后一章整合了高级技巧，这些技巧应用了本书中所学到的原理。

11.1 渲染明暗和风化效果的乐趣

图1中的明暗渲染是在看望我妻子的路途中所作，当时她在剪辑一部电影的片场。我的一些好作品是我在这些片场用笔记本电脑创作出来的，完全脱离了日常工作室生活的打扰。这个渲染起初只是一幅用COPIC马克笔和圆珠笔画出来的很小的素描画。当时又用iPhone拍摄下来并在Photoshop中打开。该渲染的目标是显示很多线条，同时重点渲染明暗来描述汽车的表面。第一个任务是建立起强烈的1-2-3显示效果，其光源快速衰减。

在定义好这些大的形体之后，添加了一些金属效果。最后，有些面被渲染为镀铬面，添加了一些层次，为汽车增添风化的效果。为这幅图着色并增加几个人形，用以对比大小及增添情趣，这会是非常有意思的效果。可以看到，通过调整明暗来表现想象中的材料和过渡形态是一个很好的练习，年轻的艺术家和设计师很少能够挑战自己做类似的练习。永远记住，明暗的深浅是表达形状的关键。

图1

图2视频教程中的一个例子。此渲染开始时是一个用毛笔创作的小素描画，其上部剪切、粘贴了一张参考照片。使用不同的层次模式探索"幸运的意外"，然后使用一些层来细化颜色、材料、设计、形状和氛围，在整个机甲的顶部渲染。添加角色是最后一步，对于构建机甲的大小很有帮助。

11.2 用Photo Booth作为设计工具

内维尔·佩奇和我发现运行Mac上的Photo Booth程序可以通过交互使用滤镜和内置摄像头创造出外星人。最近我们开始转向使用iPhone和iPad研究这些照片。图3中角色的头部一开始是一张揉皱的棕色纸的Photo Booth镜面截图，下一页图4是竖

直木桩的顶部。查看显示整个过程的视频教程。其主要建立在人人都有清晰的轮廓线的基础上，通常扫描具有生命迹象的图像，看到对称的"脸"。这种技巧经过细化在创作《外星异族》（ *Alien Race* ）一书中得到广泛应用。

图3

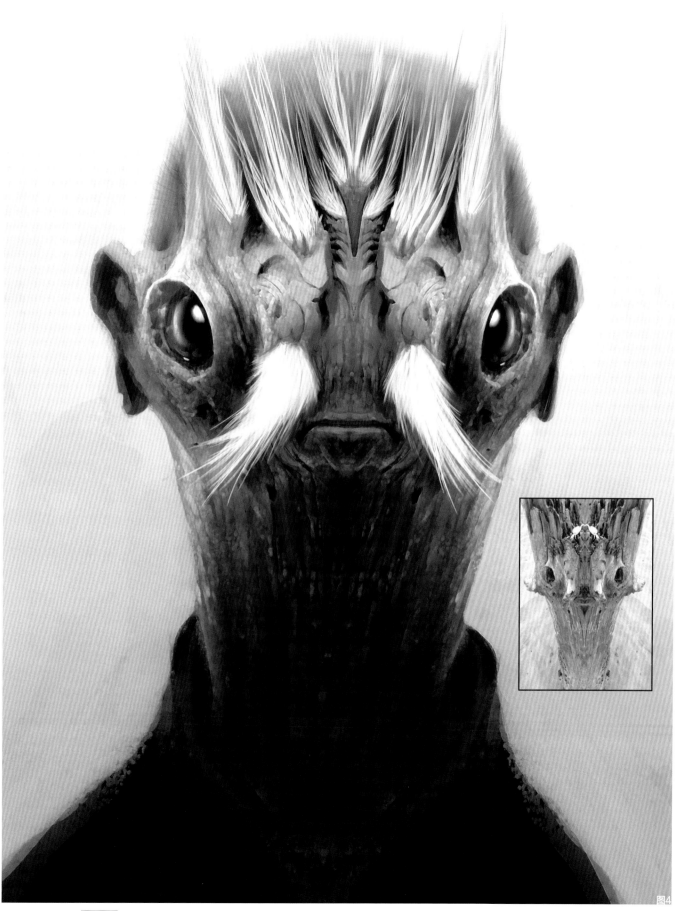

图4

11.3 照片上色

使用照片开启数码软件渲染的工作流程对于创作照片来说是一个非常有效并具有启发性的技巧。图5和图6都以恐龙骨骼的照片作为渲染的起点。之后在Photoshop中上色。目标是创作有创意的图片时，与原来的一张白纸相反，诸如摄影一样的工具会和画画和喷涂一样。只是可以使用的辅助工具。若未掌握原理，则无法真正地结合这些工具或在此之上扩展。

图5

图6

11.4 罗伯特·西门子渲染科幻服饰

罗伯特·西门子（Roberc Simons）很热情，他愿意在此分享他渲染身着科幻服饰的战士的步骤。（图7~图19）首先，生成素描轮廓来建立和探索潜在的设计方向。尽可能多地按照需要画出素描图，直到产生值得花费长时间进行渲染的最终演示级别的作品。如果在好的概念设计出现之前就勿忙开始渲染，那么渲染阶段会很痛苦。

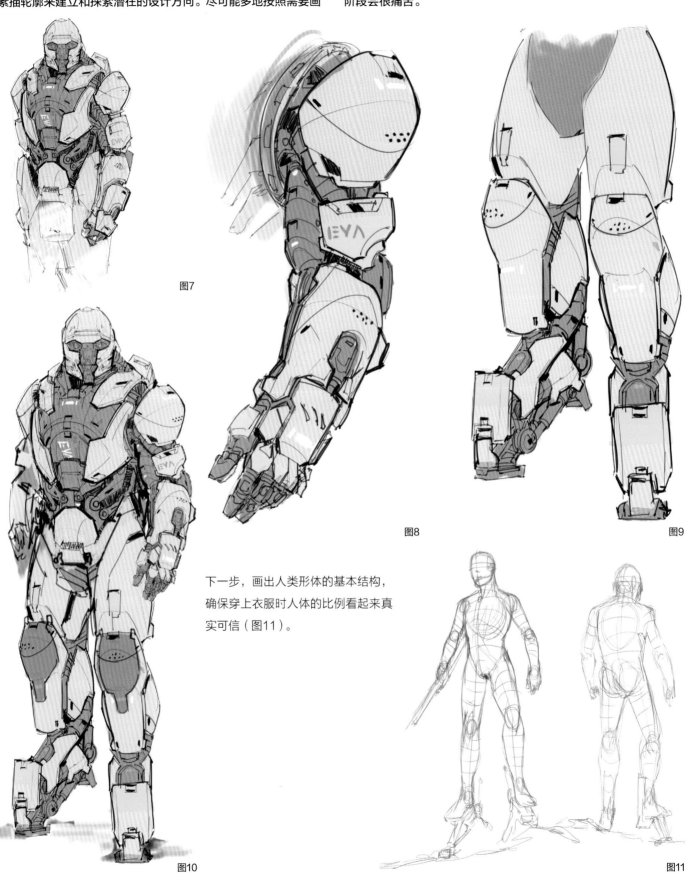

图7

图8

图9

下一步，画出人类形体的基本结构，确保穿上衣服时人体的比例看起来真实可信（图11）。

图10

图11

图12

图13

现在应该在渲染全面启动前进行最终设计和结构线的绘制。尽管这一阶段是致力于画结构线，但可以用灰色屏蔽掉该服装组成部分的一些局部。花时间有效地完成结构线条是可视化形体的一种

方法，最终的渲染会因此变得更快。该线条完成于SketchBook Pro数码软件。使用数码软件工具渲染更容易修改、擦除，也可以使用图层来改变设计。

图14

图15

由于这一服装应该有金属光泽，其周围的相应明暗关系非常重
要。在此添加了背景，服装的颜色也稍微暖了起来，在这个环境
中看起来更加美观。

图16
图17

从左侧添加主光源，形体被松散地遮挡住。接着，从右侧添加稍弱的次级光源，提供轮廓光。建立起基础明暗关系后，剩下要做的事情就是细化表面，并在服装的结构线条层进行渲染，直到线条完全被隐藏。随着线条的消失，表面看起来更加真实。

图18

图19

在左侧的细节图中，一些照片纹理被置于服装层的上方，用以帮助材料看起来更像金属拉丝。这在概念设计中是一种非常常见的渲染技巧，快速渲染比完美精确更重要。你的任务不是为了创造艺术而创作，而是为了清晰交流设计理念。

对上图中风化的材料进行最后的补漆，还强化了色彩，从而完成了Photoshop中的渲染工作。

11.5 2D渲染和3D渲染

很多年前，像SketchBook Pro和Photoshop一样的2D渲染程序刚出现时，大多数专业的艺术家和设计师完全接纳这些在工具包中增添新功能的程序。现在3D建模和渲染正在快速被之前仅接受2D程序的那些有创造力的人所接纳。我个人最喜欢的建模和渲染程序是The Foundry公司开发的MODO。这些新工具给2D艺术家和设计师所带来的真正力量在于，那些原本很难在2D中修改的费时费力的复杂材料和视图，现在可以更轻松地

进行探索了。我们现在可以很快构建出光照和构图，尝试不同的相机镜头和位置。这里有一个重要提醒，如果没有对这些基本原理的深刻理解，所有的新工具都没有价值，3D场景无法延伸、修改或适当地添加新物体。不掌握基本的2D渲染技巧，艺术家们就会成为科技的奴隶，甚至被学到的某个3D程序所束缚。应该花时间学习3D程序吗？应该。应该花时间利用传统和数码软件工具学习绘画和渲染吗？当然。

图20

图21

图21展示了《驱动力》（Drive）一书中的一张图片。我使用MODO建立3D汽车模型，然后丹尼·加德纳（Danny Gardner）在2D中用Photoshop进行了渲染。如果使用3D程序，所有这些细节和设计细化可能至少要用一周来完成，但是结合使用两种程序，只用了一个下午的时间。

三维工具极大加速了图22的创作。使用多个购买的3D模型复制了太空碎片，然后输出一个基础渲染。光照、形体细化和太空灰尘都是在2D中深化渲染的。

图23也是以3D渲染开始，然后在Photoshop中添加了大气效果和运动模糊效果。这种在3D生成的基底图片基础上结合使用基础的2D渲染技巧去实践是构建图像时非常实用、专业的方法。至此本书就结束了。你现在拥有了构建自己的图像的知识，这些图像可以讲述你自己的故事并清晰展示你的设计。

请保持你的灵感。

图22

图23

1-2-3显示： 物体三个可视面之间强烈的明暗转变。

入射角： 视线与一个表面相交所形成的可测量的角度。

各向异性： 从不同方向上测量时表现出不同数值。

人造光源： 任何非太阳光的光源。

大气透视： 绘画中渲染深度或距离的一种技巧，通过改变被感知到的物体的色调和清晰度，特别是减少明和暗之间的对比。也称为空气透视。

辅助灭点： 一个点，靠近该点，由近及远的平行线看起来相交于物体或场景中的次级元素，例如斜坡或斜顶式的屋顶。

光晕： 现实世界相机的图像幻影。该效果形成光晕或光羽，从图像亮区的中心向外延伸，穿过这些区域的界线。有时也称为泛光或辉光。

投影： 物体产生的阴影。

结构线： 一条刻画物体表面并突出其表面特征的线。

透视灭点： 平行线随着距离由近及远，看起来在一个点融合于人眼高度（也称为水平线）。

明暗交界线区域： 是明暗渐变的黑暗地带，始于明暗交界线，随着反射光强度增大，在物体暗部也变得更亮。

切线： 两个相邻体面之间的必要划分界线，例如汽车车门和侧车身之间。也称为面板线、分模线或闭线。

椭圆度： 视线观察透视圆形所定义的面的角度。

景深： 场景中相机所拍摄到的最远和最近物体之间的距离。

漫射光： 投射出有模糊边缘的阴影。

直射光： 投射出有明显边缘的阴影。

边缘光： 从物体后面发出的光，只照亮一个边缘。也称为轮廓光。

椭圆： 透视角度的圆形。

等入等出： 指的是视线投射到一个表面时的角度和其从该表面反射出去的角度完全相同。

衰减： 光的强度随着其与光源距离的加大而逐渐减小的速率。也称为衰变。

圆角： 一种附加体积，通常具有圆形横截面，将两个相交的立体混合在一起。

形状改变： 出现于当光线照亮一个表面有变化的立体时，光以不同角度与这些不同的表面变化相交。也称为明暗变化。

菲涅尔效应： 随表面远离视线，环境中反射的强度变化越来越强烈的现象。

闪光： 一种具有角度的光效应，具有位于反光面狭小边缘上的泛光。

辉光： 现实世界中相机的图像伪影，形成从图像亮区中心向外延伸的光缘或光羽。该效果帮助形成极度亮光的幻觉，强烈刺激相机或人眼。

渐变： 一种深浅、色调或颜色数值的细小变化。

灰阶： 仅由灰色阴影组成的图像。

地平面： 从画面向水平线逐渐变小、变矮的理论上的水平面。

半光： 当一个物体或场景只有一半处于光下，会创造出更多视觉乐趣，自然形成一个焦点。

半黑： 一种确定亚光物体阴影数值的观察方法。

幸运的意外： 一件意想不到的好事从本以为的厄运中产生。

强光： 所有的光线在单一方向上非常对齐。

视平线： 横跨图片的一条水平线，其位置决定了观察者的视线高度。

虹膜： 眼睛有色的部分。

光衰减： 见"衰减"。

光向： 从光源发射出的一条线。

光平面： 由光的方向和影的方向决定。

视线： 一条从眼睛视网膜的中央凹延伸到眼睛关注的一个物体上的直线。

线性透视： 一种在二维表面上表示三维物体和空间的数学系统，通过垂直和水平画出并从一点（一点透视）、两点（两点透视）或由处于任意固定位置上的观察者所感知到的视平线上的多点所辐射出去的相交线。

发光： 出现于物体自身表面发光。

光线的入射角： 光照射到一个表面时的线与一条和交点所在平面垂直的线所形成的角。

局部光： 不是源于太阳的光。

亚光面： 漫射部分反射光的暗淡或无光泽的表面。

短轴： 穿过椭圆的短径将其平分的线。短轴通常垂直于椭圆所在的平面。

MODO： 由luxology公司（www.luxology.com）推出的3D建模渲染软件。

被动阳光： 太阳照射在物体前面时。

遮蔽： 一个面被另一个面挡住而看不到。

遮挡阴影： 由于环境光或反射光的减少而出现的阴影最暗部分。

正交视图： 物体在画面上没有透视汇聚点的单视图。也称为草稿视图。

正握： 握住绘画工具的一端。

叠加模式： 一张放在照片或其他艺术品上用于修改的透明纸。也可以描述模仿这种效果的数码软件分层属性。

平行： 线或面向同一个方向延伸，处处等距却不相交。

被动高光： 一个面最亮的区域，出现于光线与其最为垂直的位置。

透视： 刻画平面上立体和空间关系的技巧。

透视网格： 在地面或X-Y-Z立体面上画出的代表规则网格线透视的网格线。

图片平面： 记录图像的表面。将画面想象为垂直于视线的玻璃板。

照片级渲染： 渲的一种形式，强调对物体的光照效果、比例和纹理的逼真再现。

Photoshop： 由Adobe系统设计的2D数码软件渲染软件（www.adobe.com）

平面体： 具有平坦表面的立体。

平面反射器： 利用主光源反射到场景中所选区域时所使用的面。也称为板发射镜或反射卡。

水塘或水洼： 环境或车身其他部分的反射，由于反射翻转看起来就像浮岛。

背光： 阳光从背后照射物体。

参考点： 设置在一幅图中某具体位置的标记，这样就可以精确

地画出透视效果。

反射光： 从一个面反射出去并照亮另一个面的光。通常称为"反射光"或"补光"。

反射翻转： 视线从一个闪亮的凹面反射出去。

反射高光： 光源在物体表面上的反射。

折射： 光线方向的改变。

巩膜： 眼球最外面的白色层。

剖面线： 垂直或水平（或两者同时）地勾勒出物体表面特征的平行线。

阴影方向： 来源于一个称为阴影源点的一条线。

影源： 物体处于光源下时形成将物体的高度转移为一条竖直的线。

暗部： 未直接暴露在光下的区域，但通常接收反射光或环境光。

SketchBook Pro： 2D建模渲染软件，由Autodesk（www.autodesk.com）开发。

柔光： 一个面被光的不同点照射。也称为漫射光。

线段： 透视绘画中的任意线段。

次表面散射： 当光线穿透材料，然后在其内部以不同方向散布，形成了发光的效果。

明暗交界线： 物体亮部和暗部之间的过渡。

真实值： 物体的物理颜色值，与光照条件无关。

背景： 通常是透视网格的一张图片或一幅画，置于一张纸之下，作为叠加画法的基础。

色值： 颜色的相对明暗程度。

色值变化： 明暗的相对区别。

色值渐变： 在平面或表面上从一种灰色到另一种灰色的细微的深浅差别。

值域： 描述了渲染某个物体时所用到地从最亮到最暗的色值。

灭点： 越靠近该点，后退的平行线看起来就越相交。

握笔姿势： 握画具的传统方式。

X-Y-Z立体： 一个具有高度、宽度和深度的物体，利用X-Y-Z轴内其位置所决定的透视和尺寸，为该物体赋予光、影和切线。

产品设计畅销书系列

书名：产品设计手绘技法
书号：9787500685852
定价：118 元

书名：产品手绘与创意表达
书号：9787515308333
定价：118 元

书名：产品手绘与设计思维
书号：9787515344362
定价：168 元

畅销书系列

国际插画大师惠特拉奇系列

书名：国际插画大师惠特拉奇的动物绘本：
　　　从现实到幻想
书号：9787515339849
定价：108 元

书名：国际插画大师惠特拉奇的动物画教程：
　　　艺用生物解剖
书号：9787515340845
定价：118 元

书名：国际插画大师惠特拉奇的动物画教程：
　　　创造奇幻生物的法则
书号：9787515342979
定价：168 元

即将上市系列新书

动画大师课系列书

书名：动画大师课：分镜头脚本设计
页码：120 页
定价：128 元

书名：动画大师课：场景透视
页码：228 页
定价：149 元

书名：动画大师课：人物透视
页码：132 页
定价：139 元（暂定）

书名：动画大师课：场景绘画技巧
页码：136 页
定价：139 元（暂定）